全国中等职业技术学校电子类专业教材

制冷设备原理与维修
（学生实训手册）

冯涛 主编

中国劳动社会保障出版社

简　介

本书是全国中等职业技术学校电子类专业教材《制冷设备原理与维修》的配套用书，选取制冷设备维修中的基本技能并将其转化为实训任务，每个实训任务包括实训目的、器材准备、实训内容与步骤、实训测评等，促进学生将理论学习与实际工作相结合，提高学生实践能力。

本书由冯涛任主编，徐建任副主编，张宏、朱丽军、周旭楠、张心德、李祥宾、卫家鹏、孟庆龙、赵冲参加编写；周敏任主审。

图书在版编目（CIP）数据

制冷设备原理与维修：学生实训手册 / 冯涛主编 . -- 北京：中国劳动社会保障出版社，2024

全国中等职业技术学校电子类专业教材

ISBN 978-7-5167-6320-9

Ⅰ.①制… Ⅱ.①冯… Ⅲ.①制冷装置 - 维修 - 中等专业学校 - 教材 Ⅳ.①TB657

中国国家版本馆 CIP 数据核字（2024）第 058714 号

中国劳动社会保障出版社出版发行

（北京市惠新东街 1 号　邮政编码：100029）

*

北京谊兴印刷有限公司印刷装订　新华书店经销

787 毫米 × 1092 毫米　16 开本　11.5 印张　231 千字

2024 年 4 月第 1 版　2024 年 4 月第 1 次印刷

定价：**23.00 元**

营销中心电话：400-606-6496

出版社网址：http://www.class.com.cn

http://jg.class.com.cn

前 言

　　为了更好地适应全国中等职业技术学校电子类专业的教学要求，全面提升教学质量，人力资源社会保障部教材办公室组织有关学校的骨干教师和行业、企业专家，对全国中等职业技术学校电子类专业教材进行了修订和补充开发。此项工作以人力资源社会保障部颁布的《技工院校电子类通用专业课教学大纲（2016）》《技工院校电子技术应用专业教学计划和教学大纲（2016）》《技工院校音像电子设备应用与维修专业教学计划和教学大纲（2016）》《技工院校通信终端设备制造与维修专业教学计划和教学大纲（2016）》为依据，充分调研了企业生产和学校教学情况，广泛听取了教师对现行教材使用情况的反馈意见，吸收和借鉴了各地职业技术院校教学改革的成功经验。

教材体系

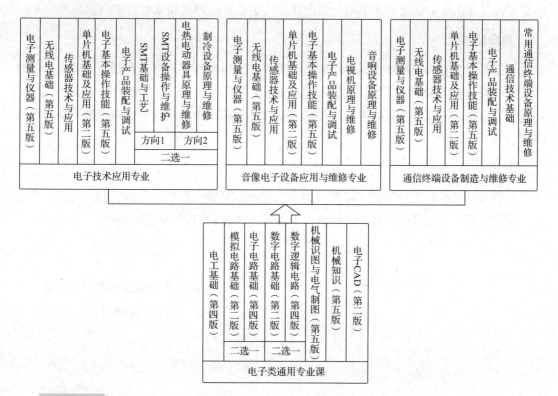

使用对象

　　电子技术应用专业、音像电子设备应用与维修专业、通信终端设备制造与维修专业中级、高级两个层次和以下 3 种学制：

- 初中毕业生 3 年学制培养中级工
- 高中毕业生 3 年学制培养高级工（中级阶段）
- 初中毕业生 5 年学制培养高级工（中级阶段）

编写特色

◆ **紧贴国家职业标准**　紧密贴合《中华人民共和国职业分类大典（2022 年版）》中对广电和通信设备电子装接工、广电和通信设备调试工、家用电器产品维修工、家用电子产品维修工等职业的职业能力要求，同时参照相关国家职业标准。

◆ **体现行业技术发展**　根据电子行业的最新发展，在教材中充实了电子产品表面贴装、数字电视维修、智能手机维修等方面的新技术，体现教材的先进性。

◆ **注重职业能力培养**　根据就业岗位对技能型人才所需能力的要求，进一步加强实践性教学内容。同时，在教材中突出对学生获取信息、与人交流、分析解决问题以及自学等职业能力的培养。

◆ **符合学生阅读习惯**　在教材内容的呈现形式上，尽可能使用图片、实物照片和表格等形式将知识点生动地展示出来，力求让学生更直观地理解和掌握所学内容。

教学服务

本套教材配有方便教师上课使用的电子课件，部分教材还配有习题册，电子课件等教学资源可通过技工教育网（http://jg.class.com.cn）下载。此外，针对教材中的重点、难点还制作了动画、视频等多媒体素材，使用移动终端扫描书中相应位置处的二维码即可在线观看。

致谢

本次教材的修订工作得到了江苏、山东、河南、湖北、广东、广西、四川等省（自治区）人力资源社会保障厅及有关学校的大力支持，在此我们表示诚挚的谢意。

人力资源社会保障部教材办公室

2023 年 6 月

目　录

第一章　制冷与空调技术基础

实训1　数显式温度计的认识与使用

一、实训目的

1. 熟悉数显式温度计的结构组成。
2. 掌握温度的测量方法。
3. 培养分析问题和解决问题的能力。

二、器材准备

数显式温度计（见图1-1-1）1只，电冰箱1台。

图1-1-1　数显式温度计

三、实训内容与步骤

掌握数显式温度计的使用方法，并使用数显式温度计测量电冰箱内部温度，具体方法参考表1-1-1。

表1-1-1　　　　　　　　　　　数显式温度计的使用方法

操作步骤	图示
1. 取下电池盖，装入电池，合上电池盖	

续表

操作步骤	图示
2. 按下电源开关键开机，液晶屏显示当前温度数值	
3. 按下模式转换键，切换到外部环境测温模式	
4. 将测温探头放置在电冰箱冷藏室内中间位置（不和内壁接触）	
5. 等液晶屏显示的温度数值不再变动，此时显示的即为电冰箱冷藏室内部温度数值	
6. 按下功能转换键，可以转换显示摄氏温度、华氏温度	

续表

操作步骤	图示
7. 按下时间键，显示测量时间	
8. 长按电源开关键关机	

四、实训测评

按表 1-1-2 所列项目进行测评，并做好记录。

表 1-1-2　　　　　　　　　　　测评记录

序号	测评项目	配分	得分
1	温度计开机、模式设置及功能转换	20	
2	测量当前温度	20	
3	测量电冰箱冷藏室温度	50	
4	整理收拾现场	10	
	合计	100	

实训 2　温度法鉴别制冷剂的种类

一、实训目的

1. 掌握安全防护用具的使用方法。

2. 掌握使用温度法鉴别制冷剂种类的方法。

3. 培养分析问题和解决问题的能力。

二、器材准备

按表 1-2-1 所列项目进行器材准备。

表 1-2-1　　　　　　　　　　　　器材准备

器材名称	图示	器材名称	图示
制冷剂钢瓶、加液管		自制简易测温装置	
防冻手套		护目镜	
防护面罩		灭火器	

三、实训内容与步骤

1. 正确佩戴制冷剂鉴别操作时的安全防护用具，见表 1-2-2。
2. 按表 1-2-3 所列步骤进行操作，使用温度法鉴别制冷剂的种类。

表 1-2-2　　　　　　　　　　　　　安全防护用具的佩戴

操作步骤	图示	操作步骤	图示
1. 防护面罩的佩戴（正面）		3. 防冻手套的佩戴	
2. 防护面罩的佩戴（侧面）		4. 护目镜的佩戴	

表 1-2-3　　　　　　　　　　　　使用温度法鉴别制冷剂的种类

操作步骤	图示
1. 将加液管的一端接简易测温装置阀门	
2. 将加液管的另一端接制冷剂钢瓶阀门	

操作步骤	图示
3. 将制冷剂钢瓶倒置，缓慢开启钢瓶阀门	
4. 制冷剂进入简易测温装置，内部的感温头测量出制冷剂温度	
5. 记录两次持续下降的最低温度数值，结合当地大气压查阅制冷剂技术手册，鉴别制冷剂种类。鉴别完毕后关闭钢瓶阀门，拆除加液管，清理现场	

四、实训测评

按表 1-2-4 所列项目进行测评，并做好记录。

表 1-2-4 测评记录

序号	测评项目	配分	得分
1	检查实训场地是否存在安全隐患	5	
2	正确佩戴安全防护用具	20	
3	简易测温装置与钢瓶连接妥当	20	
4	测温方法正确	20	
5	正确鉴别制冷剂种类	30	
6	文明操作、整理现场	5	
合计		100	

第二章　电冰箱的结构与原理

实训 1　磁性门封条的更换

一、实训目的

1. 熟悉磁性门封条的结构组成。
2. 掌握磁性门封条的更换方法。
3. 培养分析问题和解决问题的能力。

二、器材准备

按表 2-1-1 所列项目进行器材准备。

表 2-1-1　　　　　　　　　　　器材准备

器材名称	图示	器材名称	图示
常用拆卸工具		测量工具	
新磁性门封条		清洗剂	

续表

器材名称	图示	器材名称	图示
环氧树脂胶		吹风机	
防护手套		平光护目镜	

三、实训内容与步骤

电冰箱磁性门封条的塑料封条损坏、磁性胶条失磁，造成电冰箱箱门关闭不严，要及时对电冰箱磁性门封条进行更换。

磁性门封条的安装方式主要有两类，一类是螺栓固定，另一类是卡槽固定。更换磁性门封条之前要仔细观察原门体与磁性门封条的安装方式是哪一类的。

以卡槽固定类磁性门封条的更换为例，具体方法见表 2-1-2。

表 2-1-2　　　　　　　　　卡槽固定类磁性门封条的更换

操作步骤	图示
1. 佩戴好安全防护用具。根据电冰箱的结构形式，确定磁性门封条类型样式、规格尺寸	

续表

操作步骤	图示
2. 清除门体凹槽内的异物，用清洗剂清洗原磁性门封条拆除后遗留下的污痕	
3. 安装新磁性门封条前，将新磁性门封条放入 60 ℃热水中浸泡，软化后，用软布擦干	
4. 将新磁性门封条套在门体内胆四周，放入相应的卡槽内，用力按压，使新磁性门封条镶嵌在门体卡槽内	

续表

操作步骤	图示
5. 修整铺平新磁性门封条的塑料封条	
6. 新磁性门封条安装完毕，检测新磁性门封条的封闭效果。反复多次开合电冰箱箱门，测试新磁性门封条的吸力	
7. 将一张纸夹在新磁性门封条和箱体之间，检查箱体、门体间的密封情况	

四、更换磁性门封条的注意事项

1. 选择磁性门封条类型样式时，最好选择与原磁性门封条一致的。若没有完全一致的，也要选择近似的。

2. 选择磁性门封条规格尺寸时，要测量磁性门封条的长度、厚度和卡槽的宽度、深度等是否与门体相一致，尤其是卡槽固定类的，测量误差过大会造成更换后不符合要求。

3. 检查新磁性门封条质量时，用手捏住磁性门封条两端并扭转180°，观察有无砂眼、起泡现象。

4. 安装完新磁性门封条后，一定要查看是否有缝隙。若肉眼无法辨别，把手电筒放在电冰箱内，关闭箱门看是否有漏光现象，如果有漏光出现，说明新磁性门封条密封不严，需要进行调整。

5. 可以使用吹风机在新磁性门封条密封性不好的地方加热，时间不要过长，使新磁性门封条变软即可。

6. 通过吹风机加热仍然无法达到密闭效果的个别地方，可用环氧树脂胶粘合，静置干燥即可。

五、实训测评

按表 2-1-3 所列项目进行测评，并做好记录。

表 2-1-3　　　　　　　　　　测评记录

序号	测评项目	配分	得分
1	正确佩戴安全防护用具	10	
2	描述更换磁性门封条的原因	20	
3	确定磁性门封条的类型样式、规格尺寸	20	
4	更换过程	20	
5	更换后的检测	20	
6	仪器仪表使用及文明操作	10	
合计		100	

实训 2　四门电冰箱箱门的拆卸

一、实训目的

1. 熟悉电冰箱箱门的结构组成。
2. 掌握电冰箱箱门的拆卸方法和步骤。
3. 培养分析问题和解决问题的能力。

二、器材准备

按表 2-2-1 所列项目进行器材准备。

表 2-2-1　器材准备

器材名称	图示	器材名称	图示
四门电冰箱		常用工具	
套筒扳手		防护手套	
平光护目镜			

三、实训内容与步骤

四门电冰箱箱门拆卸前、拆卸后的比照如图 2-2-1 所示。

具体拆卸方法见表 2-2-2。

拆卸前　　　　　　　　　　　拆卸后

图 2-2-1　四门电冰箱箱门拆卸前、拆卸后的比照

表 2-2-2　　　　　　　　　　　　　　　四门电冰箱箱门的拆卸

操作步骤	图示
1. 佩戴好安全防护用具。将扣压在冷藏室左、右侧门铰链上的装饰盖板螺钉拆下	
2. 拔下门开关信号线的接插件	

操作步骤	图示
3. 用扳手拆下冷藏室两门体上铰链的固定螺钉，并拆下两只上铰链	
4. 双手分别握住冷藏室门体两侧并向上提起，取出后稳妥放置	
5. 用扳手拆下冷藏室两门体下铰链的固定螺钉，并拆下两只下铰链	
6. 双手分别握住变温室门体两侧并向上提起，取出后稳妥放置	

续表

操作步骤	图示
7. 用扳手拆下变温室门体下铰链的固定螺钉，并拆下下铰链	

四、实训测评

按表 2-2-3 所列项目进行测评，并做好记录。

表 2-2-3　　　　　　　　　　测评记录

序号	测评项目	配分	得分
1	正确佩戴安全防护用具	10	
2	拆卸门铰链的方法正确	30	
3	拆卸箱门连接线的方法正确	30	
4	箱门放置正确	20	
5	文明操作、整理现场	10	
	合计	100	

实训 3　间冷式电冰箱多循环风道的拆卸

一、实训目的

1. 熟悉间冷式电冰箱多循环风道的结构组成。
2. 掌握间冷式电冰箱多循环风道的拆卸方法和步骤。
3. 培养分析问题和解决问题的能力。

二、器材准备

按表 2-3-1 所列项目进行器材准备。

表 2-3-1　　　　　　　　　　　器材准备

器材名称	图示	器材名称	图示
间冷式 电冰箱		常用工具	
防护手套		平光护目镜	

三、实训内容与步骤

间冷式电冰箱多循环风道的拆卸方法参考表 2-3-2。

表 2-3-2　　　　　　　　　　间冷式电冰箱多循环风道的拆卸

操作步骤	图示
1. 佩戴好安全防护用具。打开冷藏室左、右侧门	
2. 依次取出玻璃层架	

操作步骤	图示
3. 取出下置式果菜盒	
4. 拆下冷藏室循环风道面板上的螺钉	
5. 拆除风道面板。注意不要损坏边角沟槽	

续表

操作步骤	图示
6. 拔掉温度控制器的接线端子	
7. 拆掉的冷藏室风道面板背侧	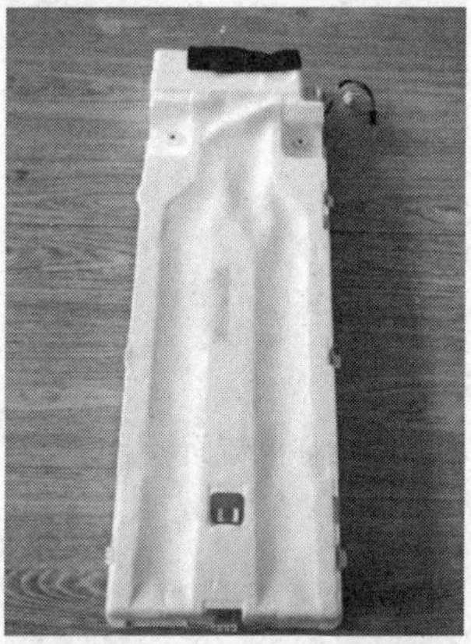
8. 来自冷冻室的冷风由此风门进入	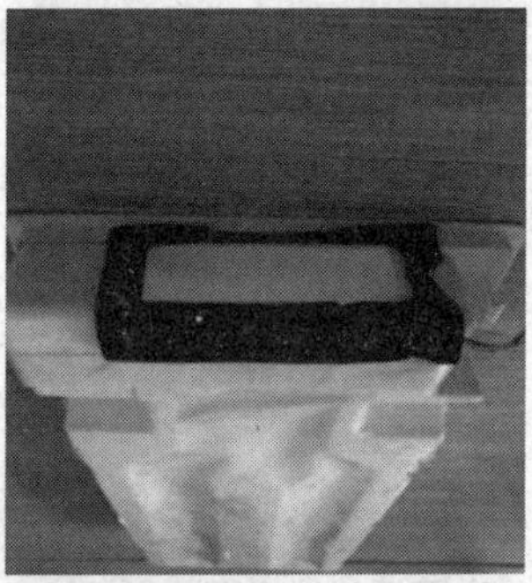 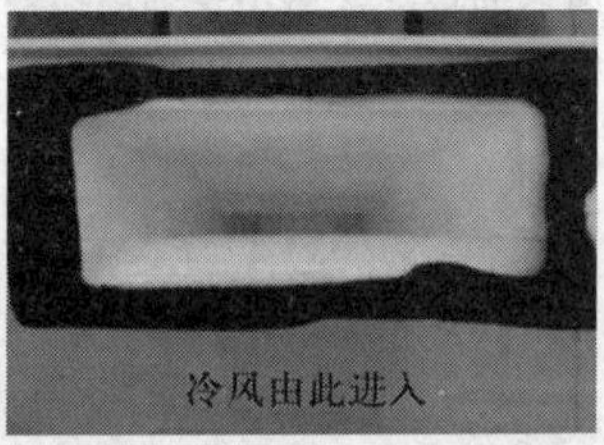 冷风由此进入

操作步骤	图示
9. 连接冷冻室风道端口，冷冻室冷风由此风门进入	
10. 打开变温室门	
11. 依次取出变温室内的层架	

操作步骤	图示
12. 打开冷冻室门	
13. 依次取出冷冻室内的层架	
14. 拆下冷冻室循环风道面板上的螺钉	

续表

操作步骤	图示
15. 撬开风道边角处与冷冻室内胆的结构件	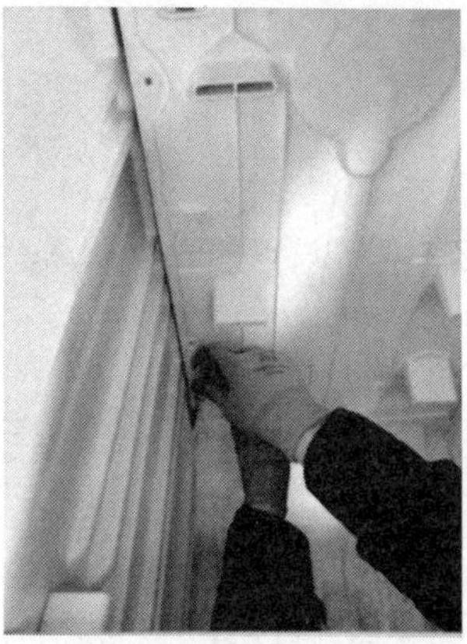
16. 拉出风道面板	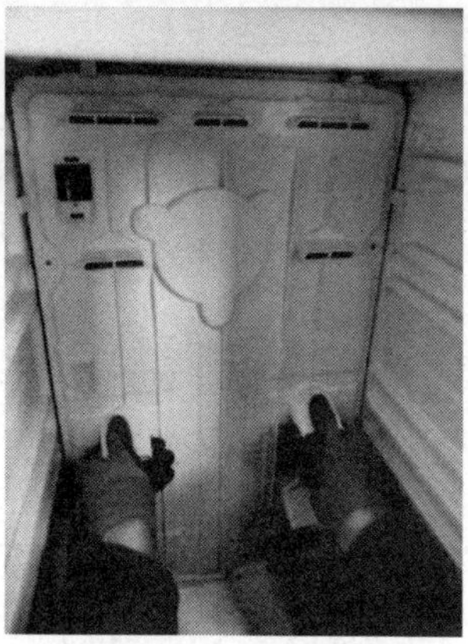
17. 间冷式电冰箱的蒸发器安装在风道面板背侧	

续表

操作步骤	图示
18. 温区不同，设置的风道数量、结构也不同	
19. 冷冻室循环风道面板背面设置有循环风扇	
20. 蒸发器上部空间的结构件与风道面板上的风扇组成多循环风道主体	

四、实训测评

按表 2-3-3 所列项目进行测评，并做好记录。

表 2-3-3　　　　　　　　　　　　　　　测评记录

序号	测评项目	配分	得分
1	正确佩戴安全防护用具	10	
2	拆卸风道面板的方法正确	25	
3	拆卸箱门连接线的方法正确	25	
4	拆卸步骤正确	30	
5	文明操作、整理现场	10	
合计		100	

实训 4　全封闭型压缩机引出管的识别

一、实训目的

1. 掌握全封闭型压缩机引出管的识别。
2. 培养分析问题和解决问题的能力。

二、器材准备

按表 2-4-1 所列项目进行器材准备。

表 2-4-1　　　　　　　　　　　　　　　器材准备

器材名称	图示	器材名称	图示
全封闭型 压缩机		防护手套	

三、实训内容与步骤

具体操作步骤见表 2-4-2。

表 2-4-2 　　　　　　　　　　全封闭型压缩机引出管的识别

操作步骤	图示
1. 佩戴好防护手套。查看压缩机外壳上引出的三根短管，指出高压管（又称排气管，是三根短管中管径最细的管道）并描述其作用与功能	
2. 查看压缩机外壳上粘贴的铭牌标志，找到标注有"SUCTION"字样的箭头	
3. 箭头所指位置的管道为低压管（吸气管），描述其作用与功能	
4. 余下的一根管道为工艺管，描述其作用与功能。若铭牌上无"SUCTION"字样，则工艺管与吸气管可互换	

四、实训测评

按表 2-4-3 所列项目进行测评，并做好记录。

表 2-4-3　　　　　　　　　　　测评记录

序号	测评项目	配分	得分
1	正确佩戴安全防护用具	10	
2	正确识别全封闭型压缩机高压管	30	
3	正确识别全封闭型压缩机低压管	30	
4	正确识别全封闭型压缩机工艺管	20	
5	文明操作、整理现场	10	
	合计	100	

实训 5　全封闭型压缩机的拆卸

一、实训目的

1. 熟悉全封闭型压缩机的结构组成。
2. 掌握全封闭型压缩机的拆卸方法。
3. 培养分析问题和解决问题的能力。

二、器材准备

按表 2-5-1 所列项目进行器材准备。

表 2-5-1　　　　　　　　　　　器材准备

器材名称	图示	器材名称	图示
全封闭型压缩机		常用工具	

续表

器材名称	图示	器材名称	图示
台钳		钢锯	
清洗剂		量杯	
防护手套		平光护目镜	

三、实训内容与步骤

1. 拆卸前要熟悉全封闭型压缩机的结构，掌握全封闭型压缩机的拆卸技能。全封闭型压缩机的结构如图 2-5-1 所示。

2. 具体操作步骤见表 2-5-2。

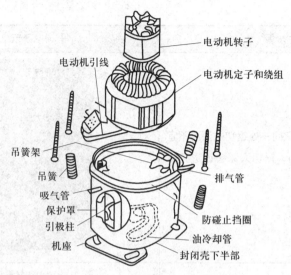

电动机转子
电动机引线
电动机定子和绕组
吊簧架
吊簧
排气管
吸气管
保护罩
引极柱
防碰止挡圈
机座
油冷却管
封闭壳下半部

图 2-5-1　全封闭型压缩机的结构

表 2-5-2　　　　　　　　　　全封闭型压缩机的拆卸

操作步骤	图示
1. 佩戴好安全防护用具。把压缩机内的冷冻机油排入干净的量杯内，记下油量刻度	
2. 将压缩机固定在台钳上，用锉刀锉削上下壳体结合处的保护漆层，观察上下壳体焊缝表面的接缝厚度，用钢锯沿着焊缝中心锯切	

续表

操作步骤	图示
3. 锯切过程中要注意同一处锯切的深度不宜太深，一般在 2～3 mm，锯切太深会锯透壳体使锯屑掉进压缩机内	
4. 锯开压缩机外壳后，清理壳外的锯屑，打开机壳	
5. 用平头旋具将固定四只吊簧的防脱钩顶开，把机体上高压缓冲管固定端螺钉拆下	

操作步骤	图示
6. 小心清理壳体与绕组线圈插座间的油污，撬下绕组线圈插座	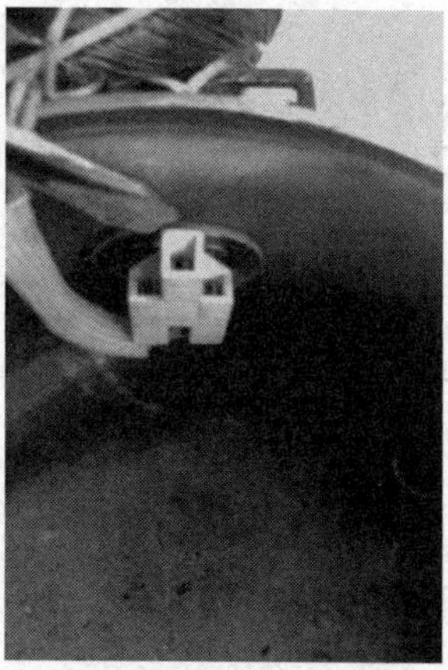
7. 将机体由壳体中取出，使用棉布擦拭机体表面	
8. 拆卸电动机定子绕组与机架连接的紧固螺钉，拆下曲轴、转子等	

续表

操作步骤	图示
9. 分离压缩机、电动机定子绕组和机架	
10. 拆卸气缸上的四只固定螺钉	
11. 取下气缸端盖	
12. 清洗端盖	
13. 取下阀座	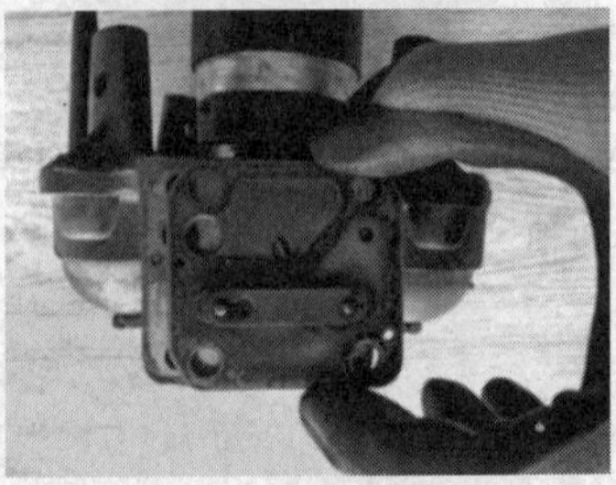

续表

操作步骤	图示
14. 取下阀片，清理表面碳化聚积物	
15. 清洗气缸	
16. 清洗并烘干每个拆卸部件，对于精度较高的阀片，若表面碳化聚积物过多可研磨后使用	

四、全封闭型压缩机的拆卸注意事项

1. 拆卸前要保证压缩机吸气管、排气管和工艺管与外界畅通。

2. 锯切压缩机外壳前要做好记号，防止装配时上下壳体位置错位。

3. 拆卸要按照步骤、次序进行。

4. 拆卸下来的部件，要按顺序排列放置。

5. 对拆卸下的部件都要及时清洗并妥善保存，长时间不用的部件要密封隔离放置，必要时应涂防锈油。

五、实训测评

按表 2-5-3 所列项目进行测评，并做好记录。

表 2-5-3   测评记录

序号	测评项目	配分	得分
1	正确佩戴安全防护用具	10	
2	熟悉全封闭型压缩机的结构组成	5	
3	拆卸工具的使用	5	
4	全封闭型压缩机的锯切步骤	10	
5	取下并清洗定子绕组和机架	10	
6	拆卸气缸端盖	10	
7	取下并清洗阀座	10	
8	取下阀片，清理表面碳化聚积物	10	
9	清洗气缸表面	10	
10	研磨、清洗并烘干高、低压阀片	10	
11	工具使用及文明操作	10	
	合计	100	

实训 6   干燥过滤器的分解

一、实训目的

1. 熟悉干燥过滤器的结构组成。
2. 掌握干燥过滤器的分解步骤。
3. 培养分析问题和解决问题的能力。

二、器材准备

按表 2-6-1 所列项目进行器材准备。

表 2-6-1   器材准备

器材名称	图示	器材名称	图示
XH-5型 双进孔干燥 过滤器		割管器	

续表

器材名称	图示	器材名称	图示
电子秤		直尺	
记号笔		透明杯	
镊子		防护手套	
平光护目镜			

三、实训内容与步骤

具体操作步骤见表 2-6-2。

表 2-6-2   干燥过滤器的分解

操作步骤	图示
1. 佩戴好安全防护用具。撕开 XH-5 型双进孔干燥过滤器的真空包装	
2. 用直尺和记号笔在干燥过滤器双进孔端 20 mm 处画线	
3. 用直尺和记号笔在干燥过滤器收口端 18 mm 处画线	
4. 用割管器切割干燥过滤器双进孔端	

续表

操作步骤	图示
5. 用镊子取出双进孔端的过滤网	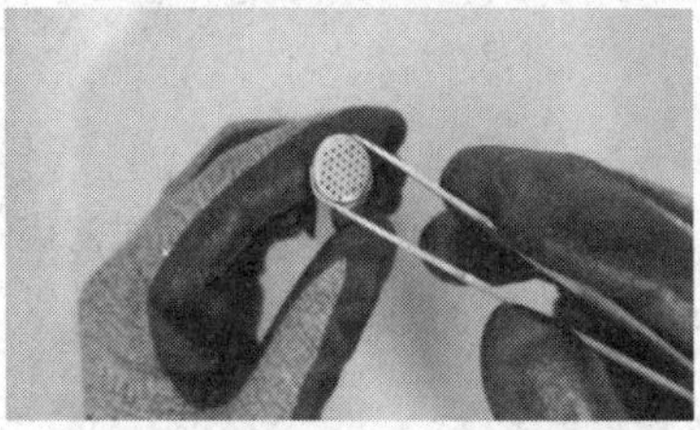
6. 用割管器切割干燥过滤器收口端	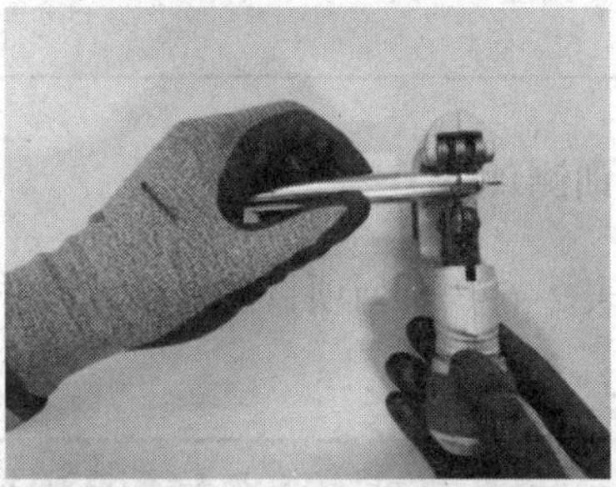
7. 用镊子取出收口端的过滤碗	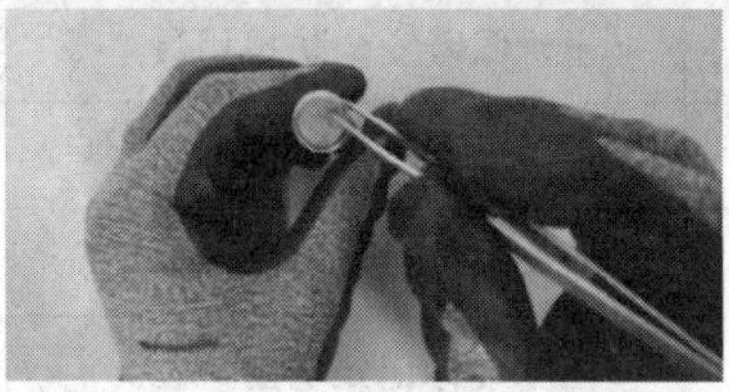
8. 将分子筛倒入透明杯	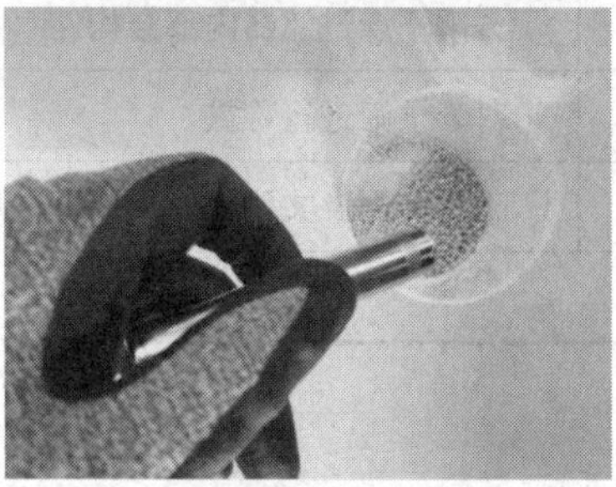
9. 放到电子秤上称重，分子筛质量约为 10 g	

续表

操作步骤	图示
10. 干燥过滤器管体、收口端、过滤碗、过滤网、双进孔端及分子筛	

四、实训测评

按表 2-6-3 所列项目进行测评，并做好记录。

表 2-6-3　　　　　　　测评记录

序号	测评项目	配分	得分
1	正确佩戴安全防护用具	10	
2	正确识别干燥过滤器的型号	10	
3	检查干燥过滤器的密封情况	15	
4	在画线标记处切割	15	
5	分解干燥过滤器内部结构件	20	
6	对分子筛进行称重	20	
7	工具使用及文明操作	10	
合计		100	

第三章　电冰箱的故障与检修

实训1　使用真空泵对制冷剂钢瓶抽真空

一、实训目的

1. 熟悉真空泵的结构组成。
2. 掌握真空泵的使用方法。
3. 培养分析问题和解决问题的能力。

二、器材准备

按表3-1-1所列项目进行器材准备。

表3-1-1　　　　　　　　　器材准备

器材名称	图示	器材名称	图示
真空泵		专用组合阀	
制冷剂钢瓶、加液管		防护手套	
平光护目镜			

三、实训内容与步骤

使用真空泵对制冷剂钢瓶抽真空，操作步骤见表 3-1-2。

表 3-1-2　　　　　　　　使用真空泵对制冷剂钢瓶抽真空

操作步骤	图示
1. 佩戴好安全防护用具。观察真空泵的视油窗，检查油位是否符合要求	
2. 拔下吸气口盖帽	
3. 使用专用组合阀、加液管连接制冷剂钢瓶和真空泵吸气口	

续表

操作步骤	图示
4. 插上电源插头，打开真空泵开关，真空泵开始工作	
5. 待真空度符合要求后（专用组合阀表压力显示为 –0.1 MPa），关闭制冷剂钢瓶阀门	
6. 拆卸加液管，盖紧吸气口盖帽	

四、实训测评

按表 3-1-3 所列项目进行测评，并做好记录。

表 3-1-3 测评记录

序号	测评项目	配分	得分
1	检查实训场地是否安全（环境、通风）	10	
2	正确佩戴安全防护用具	10	
3	正确使用真空泵	20	
4	正确连接真空泵、专用组合阀与制冷剂钢瓶	40	
5	真空度符合要求	10	
6	整理收拾现场	10	
	合计	100	

实训 2　电子检漏仪的使用

一、实训目的

1. 熟悉电子检漏仪的结构组成。
2. 掌握电子检漏仪的使用方法。
3. 培养分析问题和解决问题的能力。

二、器材准备

按表 3-2-1 所列项目进行器材准备。

表 3-2-1 器材准备

器材名称	图示	器材名称	图示
电子检漏仪		防护手套	
平光护目镜			

三、实训内容与步骤

电子检漏仪的使用见表 3-2-2。

表 3-2-2　　　　　　　　　　　　电子检漏仪的使用

操作步骤	图示
1. 佩戴好安全防护用具。根据所测对象调整灵敏度，报警扬声器发出清晰慢速"滴答"声	
2. 传感器探头靠近被检部位 5 mm，以 25 ~ 30 mm/s 的速度缓缓移动	
3. 若检测到漏源，检漏指示灯全部点亮，报警扬声器长鸣。反复检测数次，确保无误	

四、实训测评

按表 3-2-3 所列项目进行测评，并做好记录。

表 3-2-3 测评记录

序号	测评项目	配分	得分
1	检查实训场地是否安全（环境、通风）	10	
2	正确佩戴安全防护用具	10	
3	根据所测对象调整电子检漏仪	20	
4	正确使用电子检漏仪	30	
5	使用电子检漏仪检测到漏源	20	
6	整理收拾现场	10	
合计		100	

实训 3　制冷剂充注电子秤的使用

一、实训目的

1. 熟悉制冷剂充注电子秤的结构组成。
2. 掌握制冷剂充注电子秤的使用方法。
3. 培养分析问题和解决问题的能力。

二、器材准备

按表 3-3-1 所列项目进行器材准备。

表 3-3-1 器材准备

器材名称	图示	器材名称	图示
专用组合阀		制冷剂充注电子秤	

续表

器材名称	图示	器材名称	图示
制冷剂钢瓶		加液管	
防护面罩		防冻手套	
电子检漏仪			

三、实训内容与步骤

使用制冷剂充注电子秤充注制冷剂的操作见表 3-3-2。

表 3-3-2　　　　　　　　　　使用制冷剂充注电子秤充注制冷剂

操作步骤	图示
1. 佩戴好安全防护用具。连接制冷剂充注电子秤的电源线	
2. 按下电源开关	
3. 打开输入、输出接口盖帽	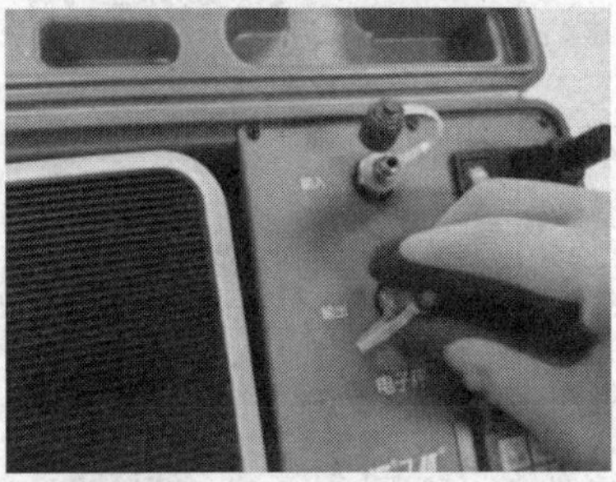
4. 连接加液管	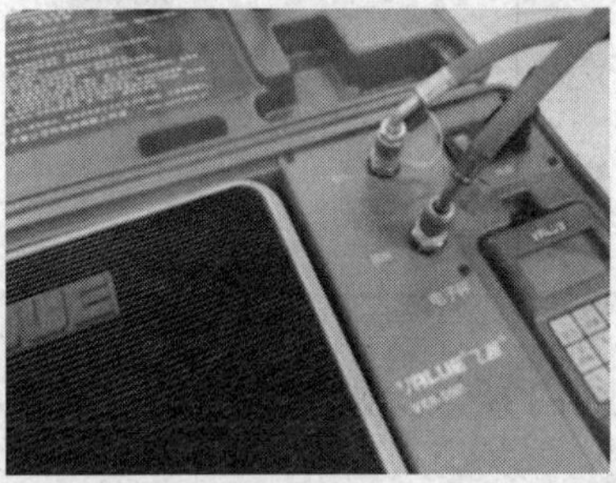

操作步骤	图示
5. 连接专用组合阀，对制冷剂钢瓶进行称重	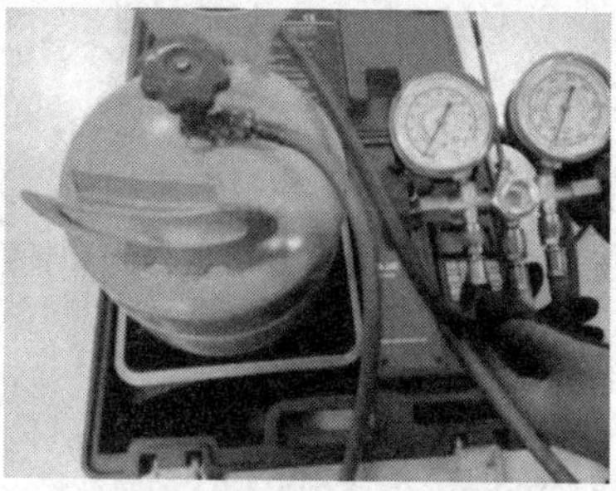
6. 设备清零	
7. 输入所需充注量并确认	
8. 打开制冷剂钢瓶阀门，用电子检漏仪检查各连接处，若无泄漏，按下充注按键，开始充注	

续表

操作步骤	图示
9. 充注完成，关闭制冷剂钢瓶阀门，关闭制冷剂充注电子秤，脱离专用组合阀和钢瓶的连接	

四、实训测评

按表 3-3-3 所列项目进行测评，并做好记录。

表 3-3-3　　　　　　　　　　测评记录

序号	测评项目	配分	得分
1	检查实训场地是否安全（环境、通风）	10	
2	正确佩戴安全防护用具	10	
3	正确连接专用组合阀、加液管与钢瓶	20	
4	正确对钢瓶称重，确定充注量	20	
5	正确使用制冷剂充注电子秤进行充注	30	
6	整理收拾现场	10	
	合计	100	

实训 4　封口钳的使用

一、实训目的

1. 熟悉封口钳的结构组成。
2. 掌握封口钳的使用方法。
3. 培养分析问题和解决问题的能力。

二、器材准备

按表 3-4-1 所列项目进行器材准备。

表 3-4-1　　　　　　　　　　　　　器材准备

器材名称	图示	器材名称	图示
封口钳		铜管	
防护手套		平光护目镜	

三、实训内容与步骤

封口钳的使用见表 3-4-2。

表 3-4-2　　　　　　　　　　　　　封口钳的使用

操作步骤	图示
1. 佩戴好安全防护用具。使用封口钳时，应根据铜管的壁厚调整钳口的间隙	
2. 拧紧锁紧螺母	

操作步骤	图示
3. 将铜管夹入钳口的中间位置，用手紧握封口钳手柄，把铜管夹扁并锁住铜管	
4. 铜管封口后，按下钳口开启手柄，在钳口开启弹簧作用下，钳口自动打开	
5. 取下铜管，目测封口情况是否符合要求	

四、实训测评

按表 3-4-3 所列项目进行测评，并做好记录。

表 3-4-3　　　　　　　　　　测评记录

序号	测评项目	配分	得分
1	正确佩戴安全防护用具	10	
2	根据铜管的壁厚调整钳口的间隙	10	
3	拧紧锁紧螺母	10	
4	夹扁并锁死铜管	10	
5	正确打开钳口	40	
6	检查铜管封口情况	10	
7	整理收拾现场	10	
	合计	100	

实训 5　数显式兆欧表的使用

一、实训目的

1. 熟悉数显式兆欧表的结构组成。
2. 掌握数显式兆欧表的使用方法。
3. 培养分析问题和解决问题的能力。

二、器材准备

按表 3-5-1 所列项目进行器材准备。

表 3-5-1　　　　　　　　　　　　　　器材准备

器材名称	图示	器材名称	图示
数显式 兆欧表		冷库电气 控制箱	
旋具		防护手套	
平光护目镜		绝缘手套	

三、实训内容与步骤

数显式兆欧表的使用见表 3-5-2。

表 3-5-2　　　　　　　　　数显式兆欧表的使用

操作步骤	图示
1. 佩戴好安全防护用具。使用旋具打开数显式兆欧表的电池盖板	
2. 装入干电池，注意电池极性不要接反，然后合上电池盖板	
3. 戴好绝缘手套，按下电源开关 POWER 键	

续表

操作步骤	图示
4. 根据测量需要选择测试电压	
5. 按下电阻量程选择开关 RANGE 键	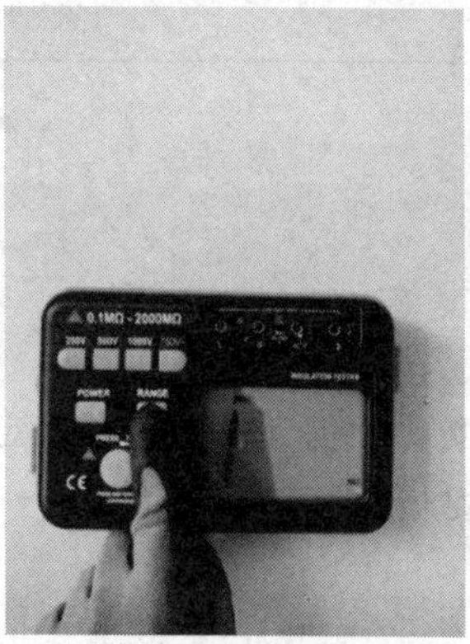
6. 将测量表笔插入对应插孔	
7. E 端接入被测设备接地端子，注意被测设备断电情况下才可检测	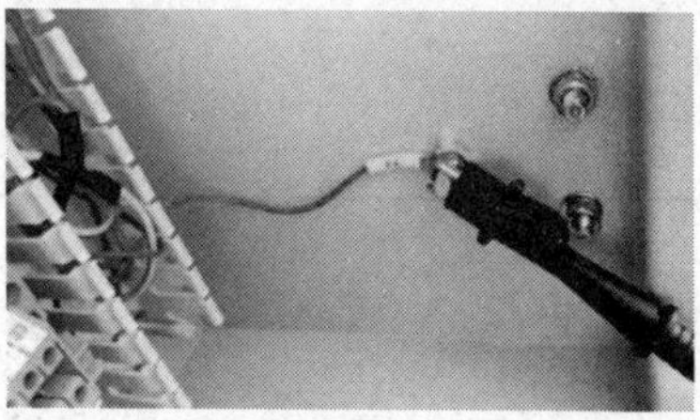

续表

操作步骤	图示
8. L端接入被测设备电源端子，注意被测设备断电情况下才可检测	
9. 按下测试按钮，向右侧旋转锁定测试按钮，当显示数值稳定后，即可读数	
10. 关闭电源开关，拆除测试表笔	

四、实训测评

按表 3-5-3 所列项目进行测评，并做好记录。

表 3-5-3 测评记录

序号	测评项目	配分	得分
1	正确佩戴安全防护用具	10	
2	检查实训场地是否安全（环境、通风）	10	
3	正确开机，根据测量需要选择测试电压等	10	
4	正确连接 L 端、E 端	10	
5	正确使用数显式兆欧表	40	
6	正确读取测量数值	10	
7	整理收拾现场	10	
合计		100	

实训 6　割管器的使用

一、实训目的

1. 熟悉割管器的结构组成。
2. 掌握割管器的使用方法。
3. 培养分析问题和解决问题的能力。

二、器材准备

按表 3-6-1 所列项目进行器材准备。

表 3-6-1 器材准备

器材名称	图示	器材名称	图示
割管器		倒角器	

续表

器材名称	图示	器材名称	图示
铜管		防护手套	
平光护目镜		记号笔	
直尺			

三、实训内容与步骤

割管器的使用见表 3-6-2。

表 3-6-2 割管器的使用

操作步骤	图示
1. 佩戴好安全防护用具。切割铜管前，使用倒角器对铜管进行倒角处理，倒角器与铜管之间要保持垂直	

操作步骤	图示
2. 一手握住铜管，铜管排屑口朝下，另一手按倒角器刀刃方向转动倒角器，不得来回反复转动，防止管壁内出现划痕	
3. 根据图样要求测量铜管长度并画线	
4. 将铜管放置在割管器的割轮与滚轮之间，使割轮的刀刃与铜管垂直夹紧	
5. 缓慢旋动调节转柄，使割轮的刀刃切入铜管管壁	

续表

操作步骤	图示
6. 将割管器绕铜管旋转，每转动一圈，就顺时针旋转调节转柄进刀 1/4 圈	
7. 边旋转边进刀，直到铜管被切断	
8. 切割完成的铜管，切口圆润光滑，方便扩管	

四、实训测评

按表 3-6-3 所列项目进行测评，并做好记录。

表 3-6-3　　　　　　　　　　　测评记录

序号	测评项目	配分	得分
1	正确佩戴安全防护用具	10	
2	正确使用倒角器	20	
3	测量铜管长度并画线	20	
4	正确使用割管器	20	
5	检测切割质量是否符合要求	20	
6	整理收拾现场	10	
	合计	100	

实训 7　扩管器的使用

一、实训目的

1. 熟悉扩管器的结构组成。
2. 掌握使用扩管器扩制铜管的技能。
3. 培养分析问题和解决问题的能力。

二、器材准备

按表 3-7-1 所列项目进行器材准备。

表 3-7-1　　　　　　　　　　　器材准备

器材名称	图示	器材名称	图示
扩管器		倒角器	

器材名称	图示	器材名称	图示
台钳		锉刀	
铜管		直尺	
防护手套		平光护目镜	

三、实训内容与步骤

扩管器的使用见表 3-7-2。

表 3-7-2　　　　　　　　　　　扩管器的使用

操作步骤	图示
1. 佩戴好安全防护用具。将铜管固定在台钳上，使用锉刀将铜管切口修锉平整	

续表

操作步骤	图示
2. 使用倒角器对铜管进行倒角处理	
3. 根据铜管规格选择夹具，并把铜管放入相对应的夹孔中	
4. 把铜管放入夹孔时注意，管口朝向喇叭口面，铜管端口露出夹具的高度约为夹孔倒角的斜边	
5. 将夹具两头的螺母旋紧，把铜管牢牢夹紧	

续表

操作步骤	图示
6. 顺时针转动扩管器的顶压螺杆，使扩管锥头顶在管口上，弓形架的拉钩卡在夹具两侧	
7. 转动顶压螺杆，扩管锥头挤压铜管管口形成喇叭状	
8. 喇叭口成型后，逆时针旋动顶压螺杆，退出扩管锥头，松开夹具两头的螺母，取出铜管	

续表

操作步骤	图示
9. 检测喇叭口质量是否符合要求	

四、实训测评

按表 3-7-3 所列项目进行测评，并做好记录。

表 3-7-3   测评记录

序号	测评项目	配分	得分
1	正确佩戴安全防护用具	10	
2	铜管管口修整与倒角	20	
3	正确选择夹具并夹紧铜管	20	
4	正确使用扩管器将管口扩成喇叭口	20	
5	检测管口质量是否符合要求	20	
6	整理收拾现场	10	
	合计	100	

实训 8   弯管器的使用

一、实训目的

1. 熟悉弯管器的结构组成。
2. 掌握弯管器的使用方法。
3. 培养分析问题和解决问题的能力。

二、器材准备

按表 3-8-1 所列项目进行器材准备。

表 3-8-1　　　　　　　　　　　　器材准备

器材名称	图示	器材名称	图示
弯管器		铜管	
封口胶塞		卷尺	
记号笔		防护手套	
平光护目镜			

三、实训内容与步骤

弯管器的使用见表 3-8-2。

表 3-8-2　　　　　　　　　　　　　弯管器的使用

操作步骤	图示
1. 佩戴好安全防护用具。选择表面无明显压扁、变形等情况的铜管	
2. 根据铜管的规格选择合适的弯管器	
3. 将盘绕的铜管放置在平坦的桌面伸展放平	
4. 使用卷尺测量弯位的尺寸，并在铜管表面用记号笔画线标记	

续表

操作步骤	图示
5. 将铜管插入弯管器的固定导槽内，用夹管钩搭扣钩紧铜管	
6. 下压活动杆，调整铜管位置，使弯管器固定导槽角度盘的 0° 位、活动杆活动导槽角度盘的 0° 位与铜管上的标记位置保持一致	
7. 一手持固定手柄保持不动，一手持活动手柄缓缓下压，铜管便在导槽内被弯曲成特定的弯状	
8. 弯曲不同角度时可通过观察弯管器上的角度盘来确定	

续表

操作步骤	图示
9. 直至弯曲到所需的角度为止	
10. 将弯管退出弯管器	
11. 检测弯管质量是否符合要求	

四、实训测评

按表 3-8-3 所列项目进行测评，并做好记录。

表 3-8-3　　　　　　　　测评记录

序号	测评项目	配分	得分
1	正确佩戴安全防护用具	10	
2	根据铜管规格选择弯管器	10	
3	检查铜管无明显压扁、变形等情况	10	
4	放管操作	10	
5	测量并画线	10	
6	正确使用弯管器弯管	20	
7	检测铜管的弯度是否符合要求	20	
8	整理收拾现场	10	
	合计	100	

实训 9 气焊点火、调节火焰与熄火的操作

一、实训目的

1. 了解并掌握气焊设备的组成、工作原理、连接工艺和安全正确的使用方法。
2. 掌握焊炬的点火、熄火操作和气焊火焰的控制及调节方法。
3. 培养分析问题和解决问题的能力。

二、器材准备

按表 3-9-1 所列项目进行器材准备。

表 3-9-1   器材准备

器材名称	图示	器材名称	图示
氧气—液化石油气气焊设备		台钳	
点火枪		百洁布	
防护手套		焊接手套	

续表

器材名称	图示	器材名称	图示
平光护目镜		焊接滤光眼镜	
警示牌		灭火器	

三、实训内容与步骤

气焊点火、调节火焰与熄火的操作见表 3-9-2。

表 3-9-2　　　　　　　气焊点火、调节火焰与熄火的操作

操作步骤	图示
1. 佩戴好安全防护用具。打开氧气瓶阀门	
2. 调节氧气减压器上的压力调节手柄，将工作压力调节在规定范围	

续表

操作步骤	图示
3. 氧气减压器上悬挂警示牌	
4. 打开液化石油气瓶阀门，调节减压器上的压力调节手柄，将工作压力调节在规定范围	
5. 液化石油气瓶上悬挂警示牌	
6. 戴好焊接滤光眼镜和焊接手套，右手握住焊炬的焊把，并将焊炬的液化石油气阀门逆时针打开1/4圈	

操作步骤	图示
7. 焊炬焊嘴有少量气体喷出	
8. 左手持点火枪在焊炬的焊嘴下方点火	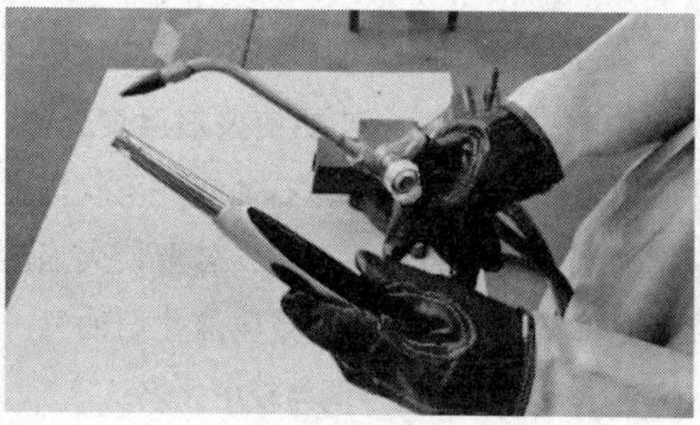
9. 火焰点燃后，收回点火枪	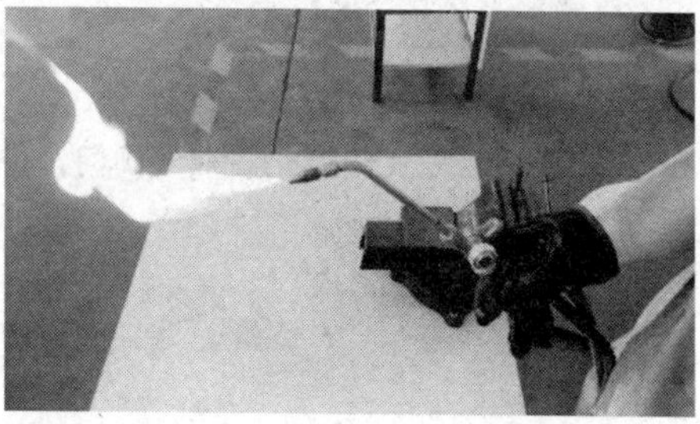
10. 根据火焰的长度，适当调节液化石油气阀门	

续表

操作步骤	图示
11. 用右手的拇指和食指配合，逆时针缓慢打开氧气阀门，同时观察火焰的颜色、形状及声音大小	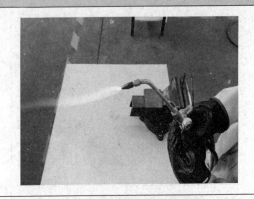
12. 通过调节焊炬上的氧气阀门、液化石油气阀门控制火焰温度，若要使火焰温度升高，可按照以下步骤：增加液化石油气→羽状焰变大→增加氧气→调为较大火焰；若要使火焰温度降低，可按照以下步骤：减少液化石油气→羽状焰变小→减少氧气→调为较小火焰	
13. 焊接完毕后先关闭液化石油气阀门，将火焰熄灭，再关闭氧气阀门	
14. 整理橡胶软管，将焊炬摆放到焊接台上	

续表

操作步骤	图示
15. 关闭氧气瓶、液化石油气瓶阀门，放松减压器的压力调节手柄	

四、实训测评

按表 3-9-3 所列项目进行测评，并做好记录。

表 3-9-3　　　　　　　　　　测评记录

序号	测评项目	配分	得分
1	检查训练场地是否安全（环境、通风）	10	
2	正确佩戴安全防护用具	10	
3	正确连接气焊设备	10	
4	安全正确使用气焊设备	10	
5	焊炬的点火方法	10	
6	气焊火焰的控制及调节方法	20	
7	熄火操作	20	
8	整理收拾现场	10	
	合计	100	

实训 10　铜管的套管焊接

一、实训目的

1. 了解并掌握气焊设备的组成、工作原理、连接工艺和安全正确的使用方法。
2. 掌握焊炬的点火、熄火操作和气焊火焰的控制及调节方法。
3. 掌握铜管与铜管的套管焊接技能。
4. 培养分析问题和解决问题的能力。

二、器材准备

按表 3-10-1 所列项目进行器材准备。

表 3-10-1　　　　　　　　　　器材准备

器材名称	图示	器材名称	图示
氧气—液化石油气气焊设备		台钳	
焊料		助焊剂	
铜管		割管器	

续表

器材名称	图示	器材名称	图示
扩管器		锉刀	
防护手套		焊接手套	
平光护目镜		焊接滤光眼镜	
点火枪		百洁布	
警示牌		灭火器	

三、实训内容与步骤

铜管的套管焊接操作见表 3-10-2。

表 3-10-2　　　　　　　　　　　　铜管的套管焊接操作

操作步骤	图示
1. 将已扩制成圆柱形口的铜管对插连接后固定在焊接平台的台钳上	
2. 正确佩戴安全防护用具后点燃焊炬，对铜管进行预加热，以接口为加热点，来回移动焊炬	
3. 铜管表面被加热至暗红色时，即达到焊接温度要求	
4. 手持焊料，将焊料前端延伸到两根铜管接口部位的间隙处	

操作步骤	图示
5. 焊料被熔化，填充两根铜管接口处的间隙	
6. 撤离焊料，等铜管接口处的间隙完全堆满焊料液体后，后撤焊炬，并熄火关阀	
7. 待铜管完全冷却后，使用百洁布去除焊接留下的残渣，并打磨光亮	
8. 检查焊接质量是否符合要求	

四、实训测评

按表 3-10-3 所列项目进行测评，并做好记录。

表 3-10-3　　　　　　　　　测评记录

序号	测评项目	配分	得分
1	检查训练场地是否安全（环境、通风）	10	
2	正确佩戴安全防护用具	10	
3	正确连接气焊设备	10	
4	安全正确使用气焊设备	10	
5	焊炬的点火方法	10	
6	气焊火焰的控制及调节方法	10	
7	熄火操作	10	
8	铜管的焊接	20	
9	整理收拾现场	10	
	合计	100	

实训 11　全封闭型压缩机电动机启动保护装置的拆装

一、实训目的

1. 熟悉全封闭型压缩机电动机启动保护装置的结构组成。
2. 掌握全封闭型压缩机电动机启动保护装置的拆装方法。
3. 培养分析问题和解决问题的能力。

二、器材准备

按表 3-11-1 所列项目进行器材准备。

表 3-11-1 器材准备

器材名称	图示	器材名称	图示
全封闭型 压缩机		旋具	
防护手套		平光护目镜	

三、实训内容与步骤

具体操作步骤见表 3-11-2。

表 3-11-2 全封闭型压缩机电动机启动保护装置的拆装

操作步骤	图示
1. 佩戴好安全防护用具。打开压缩机外壳上的电气保护罩	

续表

操作步骤	图示
2. 拆下重锤式启动继电器	
3. 拆下过载保护器	
4. 拆下的过载保护器、重锤式启动继电器、电气保护罩	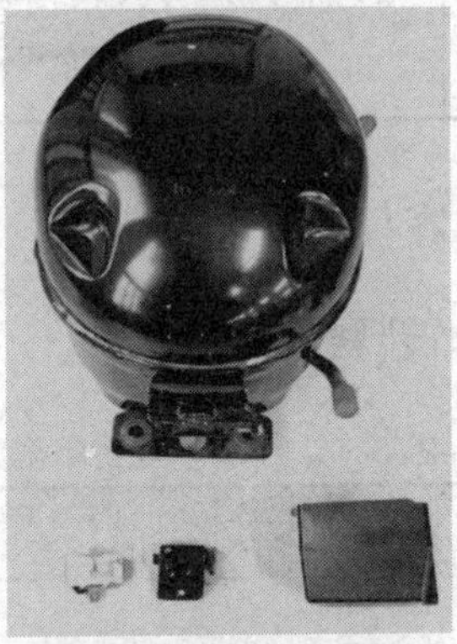
5. 装配过程中先将过载保护器插入到压缩机电动机公共端	

续表

操作步骤	图示
6. 再将重锤式启动继电器插入到压缩机电动机启动端及运行端	
7. 将电气保护罩装好	
8. 全封闭型压缩机电动机启动保护装置装配完成，恢复原状	

四、实训测评

按表 3-11-3 所列项目进行测评，并做好记录。

表 3-11-3 测评记录

序号	测评项目	配分	得分
1	正确佩戴安全防护用具	10	
2	打开压缩机外壳上的电气保护罩	10	
3	拆卸重锤式启动继电器	15	
4	拆卸过载保护器	15	
5	安装重锤式启动继电器	15	
6	安装过载保护器	15	
7	安装压缩机外壳上的电气保护罩	10	
8	整理收拾现场	10	
合计		100	

实训 12　全封闭型压缩机电动机绕组的判定

一、实训目的

1. 熟悉全封闭型压缩机电动机绕组的判定方法。
2. 掌握全封闭型压缩机电动机绕组的判定技能。
3. 培养分析问题和解决问题的能力。

二、器材准备

按表 3-12-1 所列项目进行器材准备。

表 3-12-1 器材准备

器材名称	图示	器材名称	图示
全封闭型压缩机		万用表	

续表

器材名称	图示	器材名称	图示
防护手套		平光护目镜	

三、实训内容与步骤

具体操作步骤见表 3-12-2。

表 3-12-2　　　　　　　　全封闭型压缩机电动机绕组的判定

操作步骤	图示
1. 佩戴好安全防护用具。将万用表量程旋钮转到 R×1 挡位	
2. 用万用表表笔依次测量压缩机电动机三个接线端子的电阻值，测得三组不同的电阻值。三组测量电阻值中，最大一组所对应的接线端子为公共端	

续表

操作步骤	图示
3. 将一表笔接公共端，另一表笔依次测量剩余两个接线端子，测得电阻值较大的为启动端	
4. 测得电阻值最小的为运行端	

四、实训测评

按表 3-12-3 所列项目进行测评，并做好记录。

表 3-12-3   测评记录

序号	测评项目	配分	得分
1	正确佩戴安全防护用具	10	
2	正确使用万用表，选择量程适当	10	
3	正确判定全封闭型压缩机电动机绕组的公共端	25	
4	正确判定全封闭型压缩机电动机绕组的启动端	25	
5	正确判定全封闭型压缩机电动机绕组的运行端	20	
6	整理收拾现场	10	
合计		100	

实训 13　全封闭型压缩机电动机绝缘电阻的测量

一、实训目的

1. 熟悉全封闭型压缩机电动机绝缘电阻的测量方法。
2. 掌握全封闭型压缩机电动机绝缘电阻的测量技能。
3. 培养分析问题和解决问题的能力。

二、器材准备

按表 3–13–1 所列项目进行器材准备。

表 3–13–1　　　　　　　　　　　器材准备

器材名称	图示	器材名称	图示
全封闭型压缩机		数显式兆欧表	
放电器		防护手套	
平光护目镜		绝缘手套	

三、实训内容与步骤

具体操作步骤见表 3-13-2。

表 3-13-2　　　　　　　　　全封闭型压缩机电动机绝缘电阻的测量

操作步骤	图示
1. 佩戴好安全防护用具。将数显式兆欧表的功能量程旋钮转到 500 V 测量挡位	
2. 佩戴绝缘手套，对数显式兆欧表进行性能自检	
3. 将数显式兆欧表 EARTH 端（鳄鱼夹）接压缩机电动机外壳接地端子	

操作步骤	图示
4. 将数显式兆欧表 LINE 端接压缩机电动机其中一个接线端子	
5. 按下黄色测试按钮，显示此次测量数值，按此方式分别对压缩机电动机三个接线端子进行测量。若测量电阻值大于 2 MΩ，说明压缩机电动机绝缘性能符合要求，否则不合格	

四、实训测评

按表 3-13-3 所列项目进行测评，并做好记录。

表 3-13-3　　　　　　　　　测评记录

序号	测评项目	配分	得分
1	正确佩戴安全防护用具	10	
2	正确转换数显式兆欧表功能量程旋钮	20	
3	正确进行数显式兆欧表功能自检	20	
4	正确进行数显式兆欧表与被测设备的连接	20	
5	正确进行高压测试并读取数值	20	
6	整理收拾现场	10	
	合计	100	

实训 14　压缩机电动机启动元件的拆装与检测

一、实训目的

1. 熟悉压缩机电动机启动元件。

2. 掌握压缩机电动机启动元件的拆装与检测技能。

3. 培养分析问题和解决问题的能力。

二、器材准备

按表 3-14-1 所列项目进行器材准备。

表 3-14-1　　器材准备

器材名称	图示	器材名称	图示
重锤式启动继电器		PTC 启动继电器	
旋具		万用表	
防护手套		平光护目镜	

三、实训内容与步骤

1. 重锤式启动继电器的拆装与检测

（1）重锤式启动继电器的拆装

具体操作步骤见表 3-14-2。

表 3-14-2　　　　　　　　　　重锤式启动继电器的拆装

操作步骤	图示
1. 佩戴好安全防护用具。用旋具撬起重锤式启动继电器外壳上的四只壳槽倒钩	
2. 打开重锤式启动继电器的外壳	
3. 识别重锤式启动继电器的动、静触点和重锤（衔铁）的位置	

操作步骤	图示
4. 拆下重锤式启动继电器的动、静触点	
5. 拆下重锤式启动继电器的接线端子	
6. 重新装配时依次放入接线端子、触点等部件	
7. 重锤式启动继电器装配完成，恢复原状	

（2）重锤式启动继电器的检测

具体操作步骤见表 3-14-3。

表 3-14-3 重锤式启动继电器的检测

操作步骤	图示
1. 目测重锤式启动继电器，外观应完好无损，接线端子应无松动、锈蚀	
2. 佩戴好安全防护用具。手持重锤式启动继电器，按照内部重锤直立方向上下摇动，应能听到重锤清脆的撞击声，否则不合格	
3. 调节万用表量程旋钮到 R×10 挡位	
4. 将重锤式启动继电器线圈垂直向下放置，此时重锤式启动继电器的动、静触点应处于断路状态。将万用表的红、黑表笔插入重锤式启动继电器插孔中	

续表

操作步骤	图示
5. 观察万用表读数，正常时应为无穷大，若电阻值较小则不合格	
6. 将重锤式启动继电器翻转 180° 倒立，线圈垂直向上放置，此时重锤式启动继电器的动、静触点应处于闭合状态	
7. 观察万用表读数，正常时应为 0 Ω，若电阻值较大则不合格	

2. PTC 启动继电器的拆装与检测

（1）PTC 启动继电器的拆装

具体操作步骤见表 3-14-4。

表 3-14-4   PTC 启动继电器的拆装

操作步骤	图示
1. 佩戴好安全防护用具。用旋具撬起 PTC 启动继电器外壳两端的倒钩	
2. 分离外壳	
3. 拆下的引脚端子、PTC 元件、外壳	
4. PTC 半导体热敏元件（PTC 元件）	

续表

操作步骤	图示
5. 引脚端子	
6. 依次装配引脚端子、PTC 元件、外壳，恢复原状	

（2）PTC 启动继电器的检测

具体操作步骤见表 3–14–5。

表 3–14–5   PTC 启动继电器的检测

操作步骤	图示
1. 目测 PTC 启动继电器，外观应完好无损，印刷标识应清晰。完好的 PTC 启动继电器应外观光滑、无毛刺、无划痕、无气泡、无裂纹、无变形，接线端子无松动、锈蚀。手持 PTC 启动继电器上下摇动，不应听到内部有声响，否则不合格	

续表

操作步骤	图示
2. 佩戴好安全防护用具。调节万用表量程旋钮到 R×10 挡位	
3. 将万用表的红、黑表笔分别插入 PTC 启动继电器插孔，测量其常温电阻值	
4. 观察万用表读数，与 PTC 启动继电器外壳上印刷标称的常温（25 ℃）电阻值进行比较，相同或接近为合格，偏差较大为不合格	

室温 25 ℃时，PTC 启动继电器实测电阻值在 12～50 Ω 范围（允许变化 20%），若电阻值为∞，表明 PTC 启动继电器已损坏。

四、实训测评

按表 3-14-6 所列项目进行测评，并做好记录。

表 3-14-6   测评记录

序号	测评项目	配分	得分
1	正确佩戴安全防护用具	10	
2	正确使用万用表	10	
3	重锤式启动继电器的拆装	15	
4	重锤式启动继电器的检测	20	
5	PTC 启动继电器的拆装	15	
6	PTC 启动继电器的检测	20	
7	整理收拾现场	10	
	合计	100	

实训 15　压缩机电动机保护装置的拆装与检测

一、实训目的

1. 熟悉压缩机电动机保护装置的拆装与检测方法。
2. 掌握压缩机电动机保护装置的拆装与检测技能。
3. 培养分析问题和解决问题的能力。

二、器材准备

按表 3-15-1 所列项目进行器材准备。

表 3-15-1   器材准备

器材名称	图示	器材名称	图示
过载保护器		旋具	

器材名称	图示	器材名称	图示
镊子		万用表	
烘干箱		防护手套	
平光护目镜			

三、实训内容与步骤

1. 过载保护器的拆装

具体操作步骤见表 3-15-2。

表 3-15-2　　　　　　　　　　过载保护器的拆装

操作步骤	图示
1. 佩戴好安全防护用具。用旋具撬起过载保护器塑料盖	

操作步骤	图示
2. 内部碟形双金属片	
3. 用镊子拆下中心紧固螺母	
4. 拆下碟形双金属片	
5. 内部电阻丝	

续表

操作步骤	图示
6. 依次装配电阻丝、碟形双金属片、中心紧固螺母、塑料盖	
7. 装配完成，恢复原状	

2. 过载保护器的检测

具体操作步骤见表 3-15-3。

表 3-15-3　　　　　　　　　　过载保护器的检测

操作步骤	图示
1. 目测过载保护器，外观应完好无损，印刷标识应清晰	

续表

操作步骤	图示
2. 佩戴好安全防护用具。调节万用表量程旋钮到 $R \times 10$ 挡位	
3. 将万用表的红表笔插入过载保护器引出线的插孔	
4. 将黑表笔接过载保护器的接线端子	

操作步骤	图示
5. 万用表显示的过载保护器电阻值应为 0 Ω，否则不合格	
6. 将过载保护器置于 150～200 ℃烘干箱中加热	
7. 用万用表测量加热后的过载保护器电阻值，万用表显示的过载保护器电阻值应为 ∞，否则不合格	

四、实训测评

按表 3-15-4 所列项目进行测评，并做好记录。

表 3-15-4 测评记录

序号	测评项目	配分	得分
1	正确佩戴安全防护用具	10	
2	正确使用万用表	20	
3	过载保护器的拆装	30	
4	过载保护器的检测	30	
5	整理收拾现场	10	
	合计	100	

实训 16 压力式温度控制器的检测

一、实训目的

1. 熟悉压力式温度控制器的结构组成。
2. 掌握压力式温度控制器的检测技能。
3. 培养分析问题和解决问题的能力。

二、器材准备

按表 3-16-1 所列项目进行器材准备。

表 3-16-1 器材准备

器材名称	图示	器材名称	图示
压力式温度控制器		镊子	

续表

器材名称	图示	器材名称	图示
旋具		万用表	
防护手套		平光护目镜	

三、实训内容与步骤

具体操作步骤见表 3-16-2。

表 3-16-2　　　　　　　　压力式温度控制器的检测

操作步骤	图示
1. 目测压力式温度控制器，外观应完好无损，印刷标识应清晰，接线端子应无松动、锈蚀，温度调节旋钮转动应灵活、无阻滞，感温管应完整、无变形扭曲、无泄漏	

操作步骤	图示
2. 佩戴好安全防护用具。调节万用表量程旋钮到 R×10 挡位	
3. 将万用表红表笔接压力式温度控制器 H 端，黑表笔接 L 端，常温下两处端点相通	
4. 观察万用表读数，电阻值应为 0 Ω，否则不合格	
5. 逆时针方向调节温度调节旋钮至终点后，再稍加力旋转至"0"位置，压力式温度控制器将出现机械动作，此时两处端点断开	

续表

操作步骤	图示
6. 观察万用表读数，电阻值应为∞，否则不合格	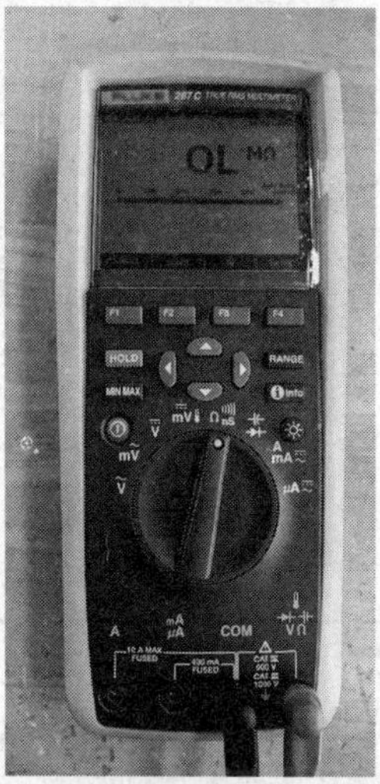
7. 将温度调节旋钮旋转到中间位置，放入电冰箱冷冻室	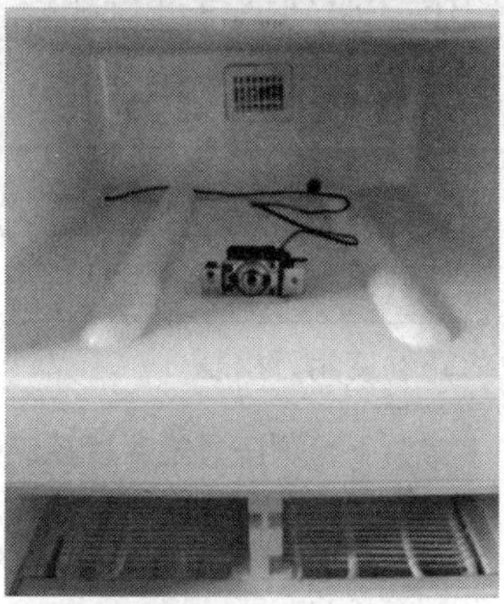
8. 压力式温度控制器将出现机械动作，使 H 端、L 端断开，此时万用表检测电阻值应为∞，否则不合格	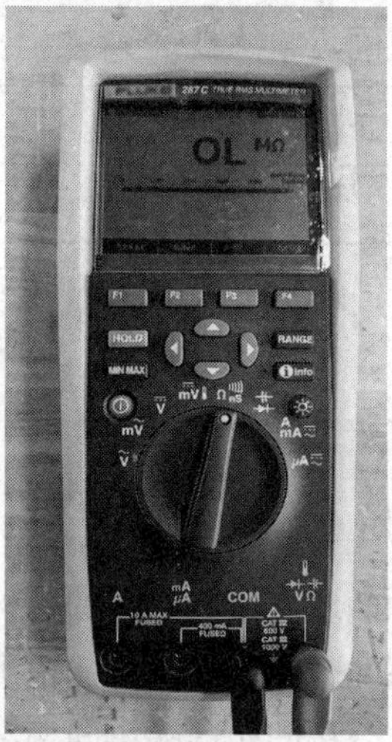

续表

操作步骤	图示
9. 将压力式温度控制器取出后 H 端、L 端再被接通，观察万用表读数，电阻值应为 0 Ω，否则不合格	

四、实训测评

按表 3-16-3 所列项目进行测评，并做好记录。

表 3-16-3　　　　　　　　　　测评记录

序号	测评项目	配分	得分
1	正确佩戴安全防护用具	10	
2	正确使用万用表	20	
3	常温下检测压力式温度控制器 H 端与 L 端间电阻值	20	
4	检测将温度调节旋钮转至终点后的电阻值	20	
5	放入冷冻室后检测压力式温度控制器 H 端与 L 端间电阻值	20	
6	整理收拾现场	10	
	合计	100	

实训 17　两通交流电磁阀的检测

一、实训目的

1. 熟悉两通交流电磁阀的结构组成。
2. 掌握两通交流电磁阀的检测技能。
3. 培养分析问题和解决问题的能力。

二、器材准备

按表 3-17-1 所列项目进行器材准备。

表 3-17-1 器材准备

器材名称	图示	器材名称	图示
两通交流电磁阀		常用工具	
瓶装氮气		快速接头	
电源线		流量计	

器材名称	图示	器材名称	图示
防护手套		平光护目镜	

三、实训内容与步骤

具体操作步骤见表 3-17-2。

表 3-17-2　　　　　　　　　　两通交流电磁阀的检测

操作步骤	图示
1. 佩戴好安全防护用具。将两通交流电磁阀连接电源线	
2. 将两通交流电磁阀进口、出口两端分别连接快速接头	
3. 将两通交流电磁阀进口端快速接头连接瓶装氮气接口	

续表

操作步骤	图示
4. 将两通交流电磁阀出口端快速接头连接流量计	
5. 两通交流电磁阀线圈通电，听到阀体有清脆的吸合声	
6. 调节瓶装氮气减压器压力数值为 0.1～0.2 MPa，查看流量计读数是否与氮气入口流量相一致，若不一致则不合格	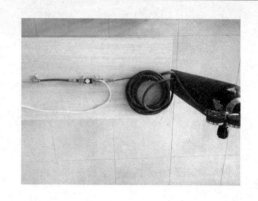

四、实训测评

按表 3-17-3 所列项目进行测评，并做好记录。

表 3-17-3　　　　　　　　　　测评记录

序号	测评项目	配分	得分
1	正确佩戴安全防护用具	10	
2	两通交流电磁阀线圈接线正确	10	
3	正确连接快速接头与两通交流电磁阀	20	

续表

序号	测评项目	配分	得分
4	正确连接瓶装氮气与流量计	20	
5	通电操作规范	10	
6	正确读取流量计数值	10	
7	正确判别两通交流电磁阀性能	10	
8	整理收拾现场	10	
合计		100	

第四章　空调器的结构与原理

实训 1　分体落地式空调器室内机组结构件的拆解

一、实训目的

1. 熟悉分体落地式空调器室内机组结构件的名称与组成。
2. 掌握分体落地式空调器室内机组结构件的拆解方法。
3. 培养分析问题和解决问题的能力。

二、器材准备

按表 4-1-1 所列项目进行器材准备。

表 4-1-1　　　　　　　　　　　　　器材准备

器材名称	图示	器材名称	图示
分体落地式空调器室内机组		常用工具	
防护手套		平光护目镜	

续表

器材名称	图示	器材名称	图示
安全帽		步梯	

三、实训内容与步骤

分体落地式空调器室内机组结构件的拆解操作步骤见表 4-1-2。

表 4-1-2　　　　　　　　分体落地式空调器室内机组结构件的拆解

操作步骤	图示
1. 佩戴好安全防护用具。使用旋具拧下空调器室内机组进风格栅面板两侧的固定螺钉	
2. 取下进风格栅面板外壳	

续表

操作步骤	图示
3. 拧下空调器室内机组上面板的固定螺钉	
4. 取下上面板外壳	
5. 拆解风道隔离板	

续表

操作步骤	图示
6. 拧下空调器室内机组出风格栅两侧的固定螺钉	
7. 拆解出风格栅	
8. 拧下空调器室内机组上顶盖的固定螺钉	

续表

操作步骤	图示
9.　拆解室内换热器右侧的挡板	
10.　拔掉室内换热器上的管壁温度传感器	
11.　取出室内换热器	

操作步骤	图示
12. 取出接水盒	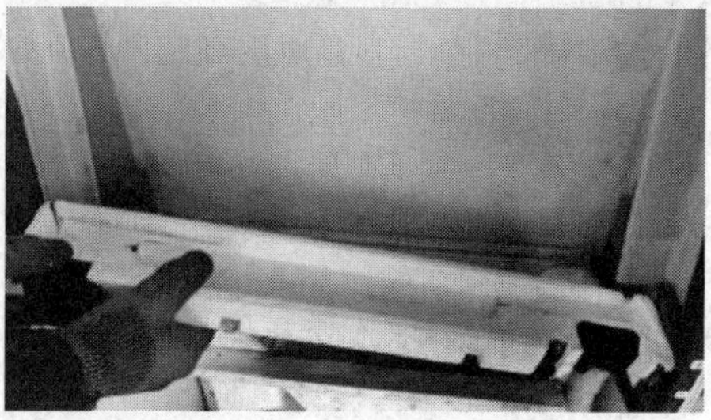
13. 拧下电气控制盒固定螺钉，拔掉接线端子，取下电气控制盒	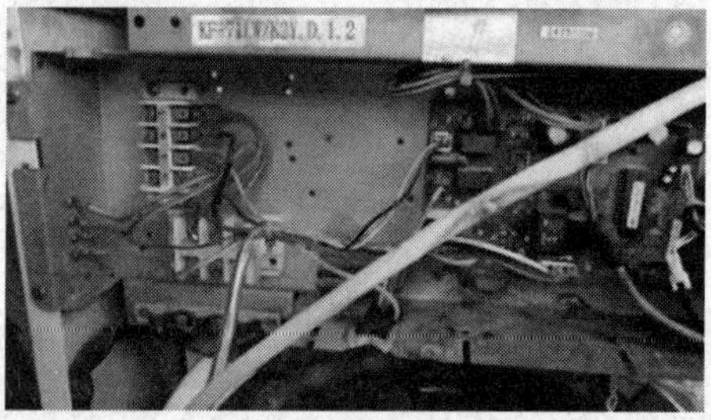
14. 拆解空调器室内风扇保护罩	
15. 使用扳手拆下风扇的固定螺钉	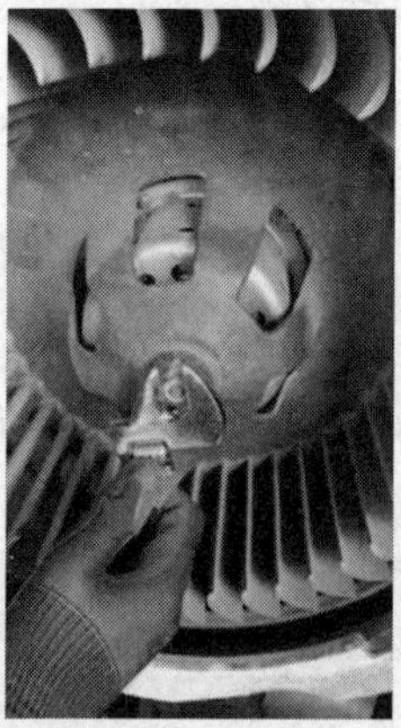

续表

操作步骤	图示
16. 取出风扇的离心式叶轮	

四、实训测评

按表 4-1-3 所列项目进行测评，并做好记录。

表 4-1-3　　　　　　　　　　测评记录

序号	测评项目	配分	得分
1	正确佩戴安全防护用具	10	
2	正确拆解室内机组进风格栅面板	10	
3	正确拆解风道组件	10	
4	正确拆解室内换热器组件	20	
5	正确拆解电气控制盒	20	
6	正确拆解风扇组件	20	
7	整理收拾现场	10	
	合计	100	

实训 2　分体落地式空调器室外机组结构件的拆解

一、实训目的

1. 熟悉分体落地式空调器室外机组结构件的名称与组成。
2. 掌握分体落地式空调器室外机组结构件的拆解方法。
3. 培养分析问题和解决问题的能力。

二、器材准备

按表 4-2-1 所列项目进行器材准备。

表 4-2-1 器材准备

器材名称	图示	器材名称	图示
分体落地式空调器室外机组		常用工具	
防护手套		平光护目镜	

三、实训内容与步骤

分体落地式空调器室外机组结构件的拆解操作步骤见表 4-2-2。

表 4-2-2 分体落地式空调器室外机组结构件的拆解

操作步骤	图示
1. 佩戴好安全防护用具。拧下空调器室外机组上盖板的固定螺钉	

续表

操作步骤	图示
2. 取下上盖板	
3. 拧下空调器室外机组前面板的固定螺钉	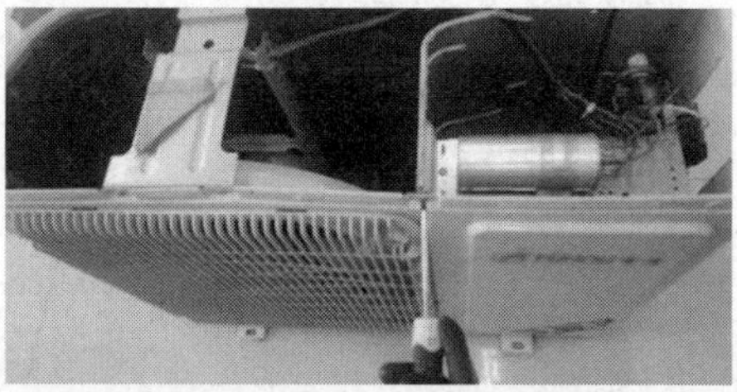
4. 取下前面板	
5. 拧下空调器室外机组接线盒盖板的固定螺钉	

操作步骤	图示
6. 取下接线盒盖板	
7. 拧下空调器室外机组侧板的固定螺钉	
8. 取下侧板	

续表

操作步骤	图示
9. 拆解空调器室外机组电气控制板支架	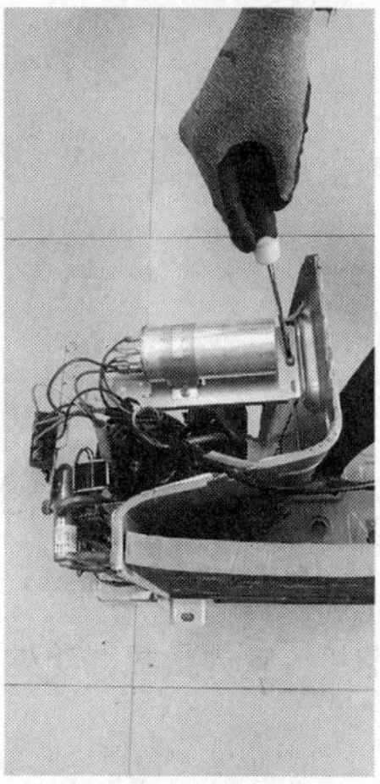
10. 拧下风扇紧固螺母	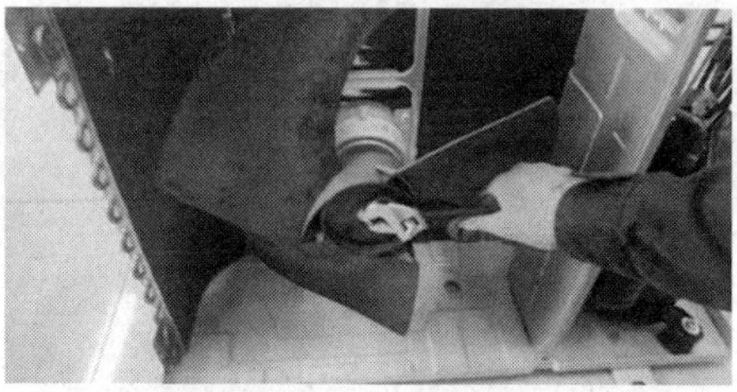
11. 取下风扇	
12. 拧下风扇电动机的紧固螺钉	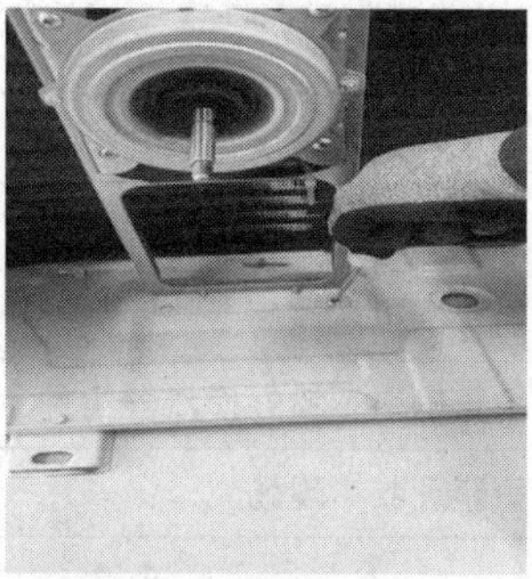

操作步骤	图示
13. 取下风扇电动机	
14. 取出压缩机、室外换热器组件	
15. 拆解完成	

四、实训测评

按表 4-2-3 所列项目进行测评，并做好记录。

表 4-2-3　　　　　　　　　　测评记录

序号	测评项目	配分	得分
1	正确佩戴安全防护用具	10	
2	正确拆解室外机组外壳	20	
3	正确拆解电气控制组件	20	
4	正确拆解风扇	20	
5	正确取下室外换热器组件	20	
6	整理收拾现场	10	
	合计	100	

实训 3　分体式空调器室外机组电气控制系统结构件的拆解

一、实训目的

1. 熟悉分体式空调器室外机组电气控制系统结构件的组成。
2. 掌握分体式空调器室外机组电气控制系统结构件的拆解方法。
3. 培养分析问题和解决问题的能力。

二、器材准备

按表 4-3-1 所列项目进行器材准备。

表 4-3-1　　　　　　　　　　　　器材准备

器材名称	图示	器材名称	图示
分体式空调器室外机组		常用工具	
防护手套		平光护目镜	

三、实训内容与步骤

分体式空调器室外机组电气控制系统结构件的拆解操作步骤见表 4-3-2。

表 4-3-2　　　　　　分体式空调器室外机组电气控制系统结构件的拆解

操作步骤	图示
1. 佩戴好安全防护用具。拧下压缩机电动机接线端子盒盖的紧固螺母	
2. 取下压缩机电动机接线端子盒盖	

操作步骤	图示
3. 拔掉压缩机电动机接线端子	
4. 拧下四通阀线圈的紧固螺钉	

续表

操作步骤	图示
5. 取下四通阀线圈	
6. 拧下电气控制板支架的紧固螺钉	
7. 拆解电气控制组件	

四、实训测评

按表 4-3-3 所列项目进行测评，并做好记录。

表 4-3-3　　　　　　　　　　　　测评记录

序号	测评项目	配分	得分
1	正确佩戴安全防护用具	10	
2	正确拆解压缩机电动机接线端子	25	
3	正确拆解四通阀线圈	25	
4	正确拆解电气控制组件	30	
5	整理收拾现场	10	
	合计	100	

第五章　空调器的故障与检修

实训 1　偏心式扩管器的使用

一、实训目的

1. 熟悉偏心式扩管器的结构组成。
2. 掌握使用偏心式扩管器扩制铜管的技能。
3. 培养分析问题和解决问题的能力。

二、器材准备

按表 5-1-1 所列项目进行器材准备。

表 5-1-1　　　　　　　　　　　器材准备

器材名称	图示	器材名称	图示
偏心式扩管器		锉刀	
倒角器		铜管	

器材名称	图示	器材名称	图示
防护手套		平光护目镜	

三、实训内容与步骤

偏心式扩管器的使用见表 5-1-2。

表 5-1-2　　　　　　　　偏心式扩管器的使用

操作步骤	图示
1. 佩戴好安全防护用具。使用锉刀将铜管切口修锉平整	
2. 使用倒角器对铜管进行倒角处理	

续表

操作步骤	图示
3. 将偏心式扩管器的棘轮手柄逆时针旋转，使圆锥头上移至顶端，将固定杆逆时针旋转到最外侧	
4. 把经过倒角处理的铜管放入夹具合适的夹孔内，铜管端口露出夹具的高度约与夹孔倒角的斜边相同	
5. 把夹具放入弓形架中，对正相应的夹具侧面定位凹槽，顺时针拧紧固定杆	
6. 顺时针旋转棘轮手柄，观察圆锥头沿轴向逐渐顶压到铜管内壁	

续表

操作步骤	图示
7. 继续旋转棘轮手柄，圆锥头由铜管中心向边缘逐渐扩展，当听到咔嚓一声，圆锥头已经完全顶压铜管形成 45° 喇叭口	
8. 此时再顺时针旋转棘轮手柄已经不起作用，逆时针旋转棘轮手柄、固定杆后取下夹具	

四、实训测评

按表 5-1-3 所列项目进行测评，并做好记录。

表 5-1-3 测评记录

序号	测评项目	配分	得分
1	正确佩戴安全防护用具	20	
2	对铜管进行修锉与倒角	20	
3	正确夹持铜管	20	
4	正确操作弓形架扩制喇叭口	20	
5	检测管口质量是否符合要求	10	
6	整理收拾现场	10	
合计		100	

实训 2　手握式胀管器的使用

一、实训目的

1. 熟悉手握式胀管器的结构组成。
2. 掌握使用手握式胀管器胀管的技能。
3. 培养分析问题和解决问题的能力。

二、器材准备

按表 5-2-1 所列项目进行器材准备。

表 5-2-1　　　　　　　　　　　器材准备

器材名称	图示	器材名称	图示
手握式 胀管器		锉刀	
倒角器		铜管	

器材名称	图示	器材名称	图示
防护手套		平光护目镜	

三、实训内容与步骤

手握式胀管器的使用见表 5-2-2。

表 5-2-2　　　　　　　　　　手握式胀管器的使用

操作步骤	图示
1. 佩戴好安全防护用具。使用锉刀将铜管切口修锉平整	
2. 使用倒角器对铜管进行倒角处理	

续表

操作步骤	图示
3. 根据铜管规格选择合适的胀口并套入	
4. 一手握住胀管器的夹紧手柄，另一手转动铜管，使铜管在胀口的作用下向外扩张形成圆柱形管口	

四、实训测评

按表 5-2-3 所列项目进行测评，并做好记录。

表 5-2-3　　　　　　　　　测评记录

序号	测评项目	配分	得分
1	正确佩戴安全防护用具	20	
2	对铜管进行修锉与倒角	20	
3	正确选择合适的胀口并套入铜管	20	
4	胀管方法正确	20	
5	检测管口质量是否符合要求	10	
6	整理收拾现场	10	
	合计	100	

实训 3 液压胀管器的使用

一、实训目的

1. 熟悉液压胀管器的结构组成。
2. 掌握使用液压胀管器胀管的技能。
3. 培养分析问题和解决问题的能力。

二、器材准备

按表 5-3-1 所列项目进行器材准备。

表 5-3-1   器材准备

器材名称	图示	器材名称	图示
液压胀管器		锉刀	
倒角器		铜管	
防护手套		平光护目镜	

三、实训内容与步骤

液压胀管器的使用见表 5-3-2。

表 5-3-2 液压胀管器的使用

操作步骤	图示
1. 佩戴好安全防护用具。使用锉刀将铜管切口修锉平整	
2. 使用倒角器对铜管进行倒角处理	
3. 根据铜管的直径选择合适的胀管锥头	
4. 安装胀管锥头	

续表

操作步骤	图示
5. 将铜管插入锥头上	
6. 按下手柄，液压钉柱逐渐扩张，使铜管胀管成型	
7. 旋松液压开关	

续表

操作步骤	图示
8. 胀管后的铜管可用于管道的对插焊接	

四、实训测评

按表 5-3-3 所列项目进行测评，并做好记录。

表 5-3-3　　　　　　　　测评记录

序号	测评项目	配分	得分
1	正确佩戴安全防护用具	20	
2	对铜管进行修锉与倒角	20	
3	选择并安装合适的胀管锥头	20	
4	正确使用液压胀管器	20	
5	检测管口质量是否符合要求	10	
6	整理收拾现场	10	
	合计	100	

实训 4　洛克环压接钳的使用

一、实训目的

1. 熟悉洛克环压接钳的结构组成。

2. 掌握洛克环压接钳的连接工艺和安全正确的使用方法。

3. 培养分析问题和解决问题的能力。

二、器材准备

按表 5-4-1 所列项目进行器材准备。

表 5-4-1　　　　　　　　　　　器材准备

器材名称	图示	器材名称	图示
洛克环 压接钳		洛克环	
密封剂		铜管	
防护手套		平光护目镜	

续表

器材名称	图示	器材名称	图示
百洁布			

三、实训内容与步骤

洛克环压接钳的使用见表 5-4-2。

表 5-4-2　　　　　　　　　洛克环压接钳的使用

操作步骤	图示
1. 根据铜管直径，选择合适的压接钳钳头与洛克环	
2. 佩戴好安全防护用具。将钳头安装到压接钳上，并扣上固定销	

续表

操作步骤	图示
3. 用百洁布清除铜管表面氧化层后，将密封剂涂敷在铜管外壁上	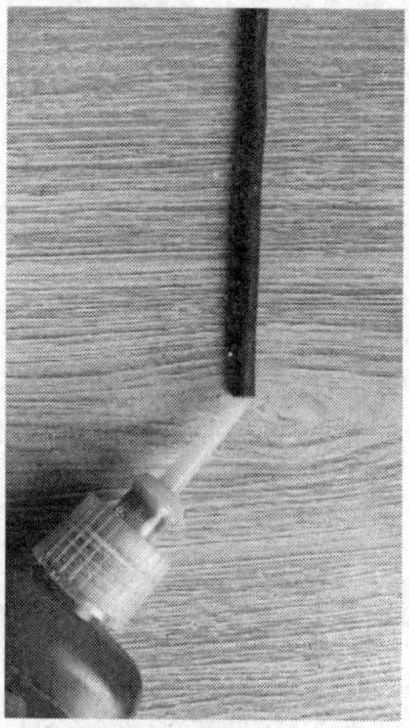
4. 两端插入内嵌套连接起来	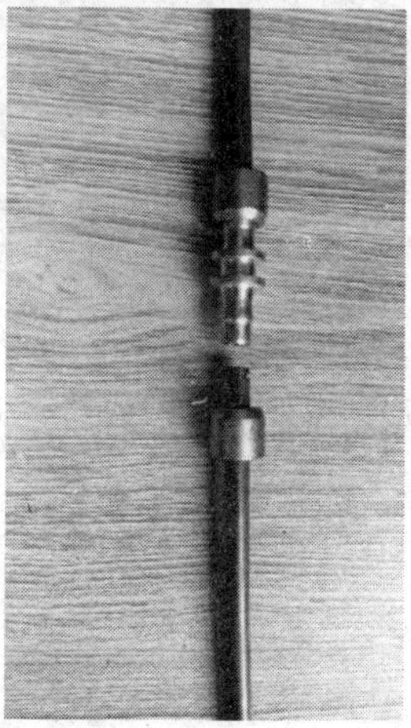
5. 使用压接钳先夹紧一端的接口进行压接	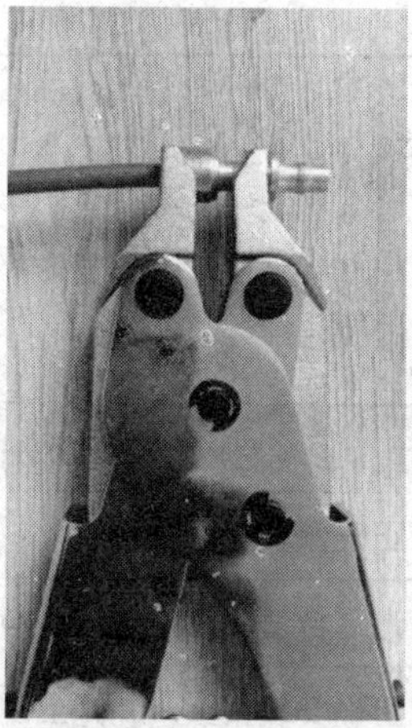

续表

操作步骤	图示
6. 压动手柄，保证铜管完全进入连接套内	
7. 另一端的制作与以上步骤相同，压合完成	

四、实训测评

按表 5-4-3 所列项目进行测评，并做好记录。

表 5-4-3　　　　　　　　　　测评记录

序号	测评项目	配分	得分
1	正确佩戴安全防护用具	10	
2	选择合适的压接钳钳头与洛克环	10	
3	正确安装钳头，并扣上固定销	15	

续表

序号	测评项目	配分	得分
4	正确使用密封剂	15	
5	正确连接内嵌套	15	
6	正确进行接口压接	15	
7	检测接口质量是否符合要求	10	
8	整理收拾现场	10	
	合计	100	

实训 5　制冷剂回收机的使用

一、实训目的

1. 熟悉制冷剂回收机的结构组成。
2. 掌握制冷剂回收机的使用方法。
3. 培养分析问题和解决问题的能力。

二、器材准备

按表 5-5-1 所列项目进行器材准备。

表 5-5-1　　　　　　　　　　器材准备

器材名称	图示	器材名称	图示
制冷剂回收机		制冷设备	

续表

器材名称	图示	器材名称	图示
专用组合阀		加液管	
制冷剂回收瓶		电子检漏仪	
防冻手套		防护面罩	
防护手套		平光护目镜	

三、实训内容与步骤

制冷剂回收机的使用见表 5-5-2。

表 5-5-2　　　　　　　　　　制冷剂回收机的使用

操作步骤	图示
1. 佩戴好安全防护用具。用一根加液管连接制冷设备低压截止阀	
2. 用另一根加液管连接制冷设备高压截止阀	

续表

操作步骤	图示
3. 将两根加液管分别与专用组合阀相接，专用组合阀与制冷剂回收机输入端相接	
4. 将制冷剂回收瓶与制冷剂回收机输出端相接	

操作步骤	图示
5. 让系统所有阀门都处于打开状态，按下制冷剂回收机的电源开关	
6. 调节制冷剂回收状态旋钮，制冷剂进入制冷剂回收瓶内	

续表

操作步骤	图示
7. 待专用组合阀上压力表显示压力接近 0 时，制冷剂回收完成，关闭制冷剂回收瓶的阀门	

四、实训测评

按表 5-5-3 所列项目进行测评，并做好记录。

表 5-5-3　　　　　　　　测评记录

序号	测评项目	配分	得分
1	检查实训场地是否安全（环境、通风）	10	
2	正确佩戴安全防护用具	10	
3	正确连接制冷剂回收机	25	
4	正确使用制冷剂回收机	25	
5	使用电子检漏仪检测回收质量	20	
6	整理收拾现场	10	
	合计	100	

第六章　空调器的安装与维护

实训1　分体挂壁式空调器的安装

一、实训目的

1. 熟悉分体挂壁式空调器的安装工艺及注意事项。
2. 掌握分体挂壁式空调器安装的方法及操作步骤。
3. 培养分析问题和解决问题的能力。

二、器材准备

1. 常用工具

空调器安装常用工具主要有钳工工具、电工工具、测量工具、制冷管道工具、开孔工具等，按表6-1-1所列项目进行准备。

表6-1-1　　　　　　　　　　　空调器安装常用工具

序号	名称	序号	名称
钳工工具			
1	各类扳手	3	锉刀
2	羊角锤、橡皮锤	4	台钳
电工工具			
1	组合旋具	5	压线钳
2	剥线钳	6	斜口钳
3	尖嘴钳	7	电工刀
4	平口钳	8	验电笔
测量工具			
1	卷尺	3	直尺
2	直角尺	4	水平尺

续表

序号	名称	序号	名称
制冷管道工具			
1	割管器	5	修边器
2	弯管器	6	倒角器
3	偏心式扩管器	7	洛克环压接钳
4	手握式胀管器	8	封口钳
开孔工具			
1	手电钻	4	水钻
2	冲击钻	5	各类钻头
3	电锤	6	墙壁开孔器

2. 常用仪器仪表、设备与材料

空调器安装常用仪器仪表、设备与材料等按表6-1-2所列项目进行准备。

表6-1-2　　　　　　　　空调器安装常用仪器仪表、设备与材料

序号	名称	序号	名称
空调器安装常用仪器仪表、设备与材料			
1	万用表	11	真空泵
2	钳形电流表	12	制冷剂回收机
3	兆欧表	13	制冷剂定量充注设备
4	专用组合阀	14	便携式焊炬
5	温度计	15	焊料、助焊剂
6	真空仪	16	点火枪
7	制冷剂钢瓶、制冷剂回收瓶	17	梯子
8	加液管	18	水泥钢钉、膨胀螺栓
9	电子检漏仪	19	安装用支架
10	风速检测仪	20	密封泥

3. 安全防护用具

空调器安装常用安全防护用具按表6-1-3所列项目进行准备。

表 6-1-3　　　　　　　　　　　　空调器安装常用安全防护用具

器材名称	图示	器材名称	图示
劳保服		劳保鞋	
防护手套		护目镜	
防护口罩		焊接滤光眼镜	
焊接手套		阻燃布	

续表

器材名称	图示	器材名称	图示
防冻手套		绝缘手套	
防护面罩		防噪声耳塞或耳罩	
安全带		安全绳	
安全帽		警示牌	
灭火器			

三、实训内容与步骤

1. 空调器安装作业安全防护用具的穿戴，见表 6-1-4。

表 6-1-4　　　　　　　　　　　空调器安装作业安全防护用具的穿戴

操作步骤	图示
1. 安全帽、护目镜、防护手套的穿戴	
2. 安全帽、护目镜、绝缘手套的穿戴	
3. 防护面罩、护目镜、防冻手套的穿戴	

2. 分体挂壁式空调器的安装

（1）室内外机组的安装，按表6-1-5所列步骤进行操作。

表6-1-5 室内外机组的安装

操作步骤	图示
1. 测量室内机组挂机板水平度	
2. 将挂机板固定在墙体上	
3. 根据挂机板确定开孔位置并开孔	
4. 将室内机组放置在平坦的桌面上展开，并确定出口方向	

续表

操作步骤	图示
5. 将接头锥面与连接管平行对正，用手拧紧连接管螺母	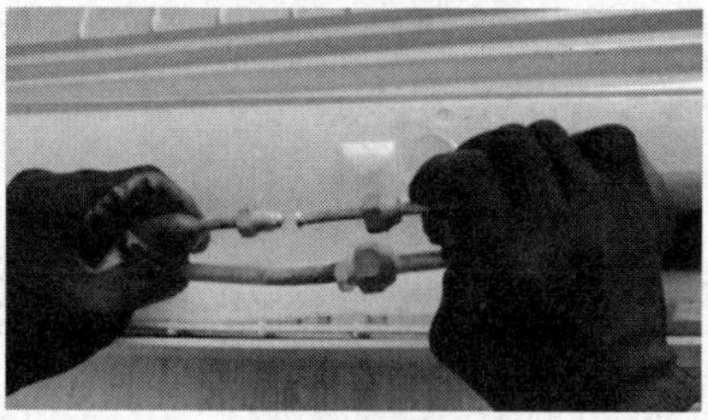
6. 使用扳手紧固	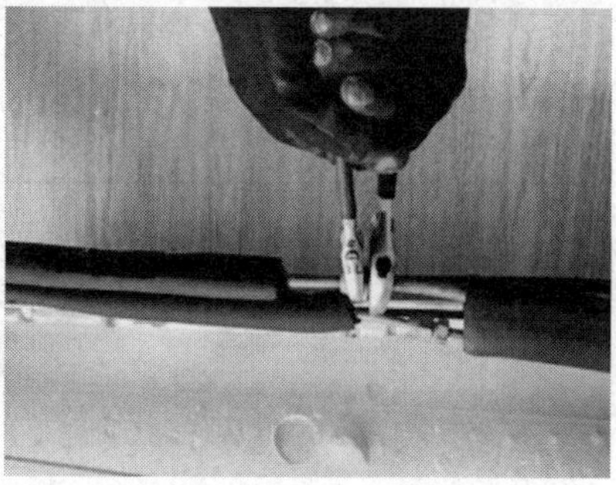
7. 使用保温护套将制冷管道漏冷部位密封	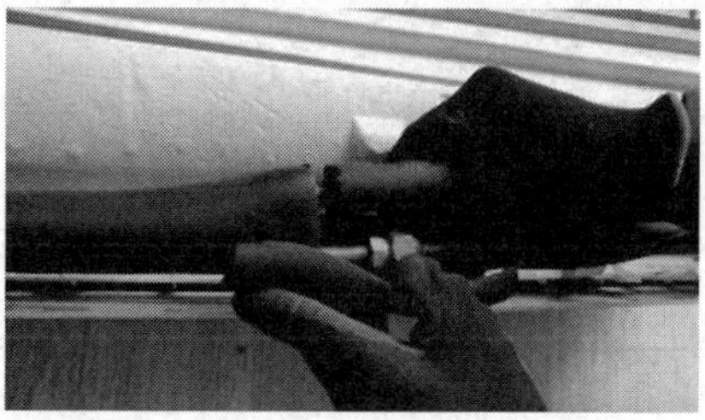
8. 将室内机组排水管与加长的排水管连接起来	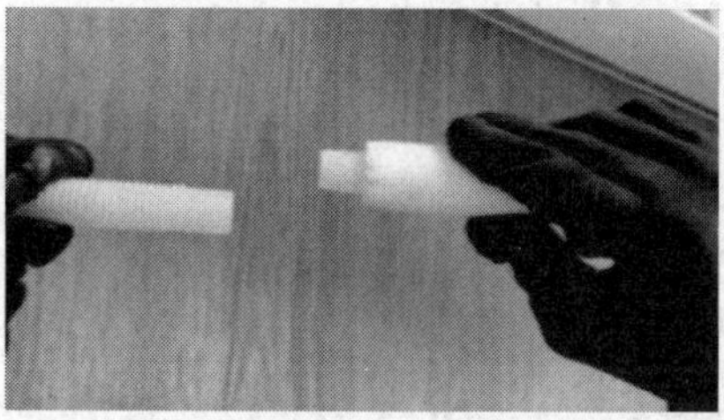

操作步骤	图示
9. 按照电线在上、制冷管道在中、排水管在下的原则进行管路整理	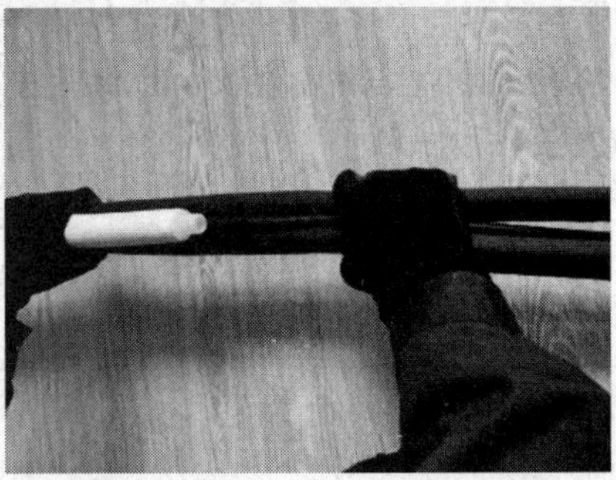
10. 使用包扎胶带将管路包扎好	
11. 将排水管根据排水位置预留出来	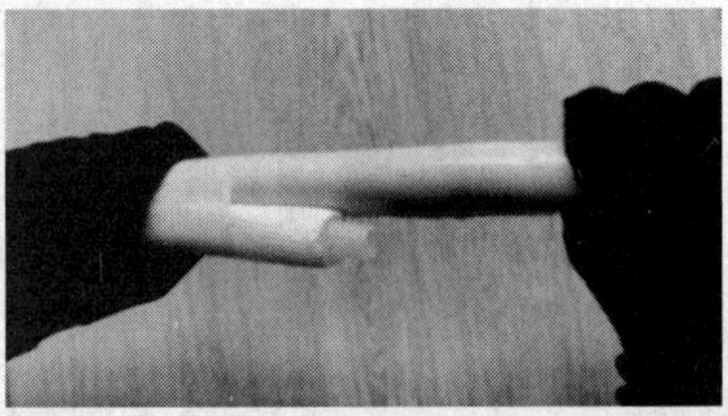

续表

操作步骤	图示
12. 将连接管喇叭口对准室外机组相应阀门接头锥面	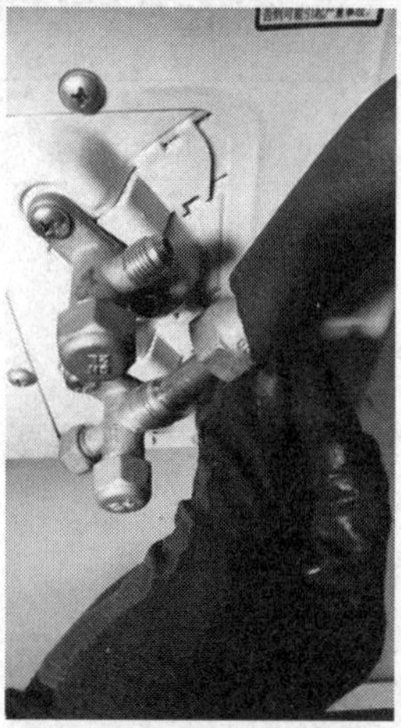
13. 用手拧紧后再使用扳手紧固	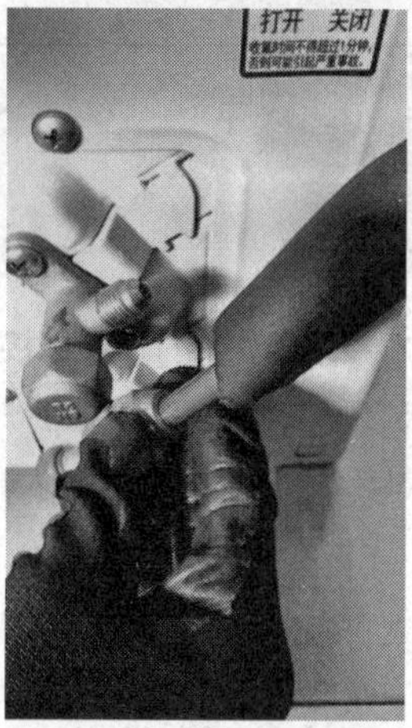
14. 分别打开室外机组高、低压截止阀阀门的阀帽，为下一步做准备	

（2）电路连接，按表6-1-6所列步骤进行操作。

表6-1-6 电路连接

操作步骤	图示
1. 拧下接线盒盖板螺钉，打开盖板	
2. 按照电气接线图依次将连接线接入接线端子。蓝色线接端子1，棕色线接端子2，黑色线接端子3，接地线接有接地线标识的端子	
3. 检查无误后拧紧压线夹	

续表

操作步骤	图示
4. 盖上盖板，拧紧盖板螺钉	

（3）制冷剂排放与检漏，按表 6-1-7 所列步骤进行操作。

表 6-1-7　　　　　　　　制冷剂排放与检漏

操作步骤	图示
1. 佩戴防护面罩、防冻手套等安全防护用具，打开高、低压截止阀阀门，制冷剂进入制冷管道	
2. 使用电子检漏仪检测阀门、管接口等处有无制冷剂泄漏	

（4）电气安全测试，按表 6-1-8 所列步骤进行操作。

表 6-1-8　　　　　　　　　　　　　　电气安全测试

操作步骤	图示
1. 检测空调器外壳与接地端子之间的电阻是否符合要求	
2. 佩戴绝缘手套，检测空调器接地端子与电源线间绝缘电阻是否符合要求	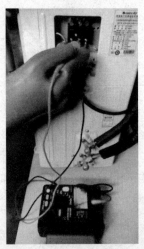

（5）试运行，按表6-1-9所列步骤进行操作。

表 6-1-9　　　　　　　　　　　　　　试运行

操作步骤	图示
1. 检测供电电压是否正常，插上空调器的电源插头	
2. 手持感应式验电笔检测空调器是否有漏电情况	

（6）试排水检查，按表 6-1-10 所列步骤进行操作。

表 6-1-10　　　　　　　　　　　试排水检查

操作步骤	图示
1. 打开室内机组面板	
2. 取出空气过滤网	
3. 将水注入接水盒	

续表

操作步骤	图示
4. 观察排水是否正常	

（7）开机运行，按表6-1-11所列步骤进行操作。

表6-1-11　　　　　　　　　　　　开机运行

操作步骤	图示
1. 使用遥控器调节空调器模式、温度等参数	
2. 使用遥控器开机	

操作步骤	图示
3. 也可按下应急开关按键开机	
4. 检查空调器室内机组的贯流式风扇是否运转正常，按下遥控器风速调节键检查室内机组风速是否发生变化，有无异常噪声和振动	
5. 检查空调器室外机组的压缩机、轴流式风扇是否运转正常，有无异常噪声和振动	
6. 空调器运行稳定后，检查排水是否正常、有无漏水情况	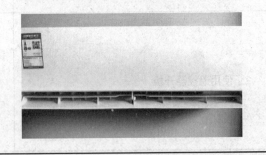

（8）检测空调器室内机组进、出风温度，按表 6-1-12 所列步骤进行操作。

表 6-1-12　　　　　　　　　　检测空调器室内机组进、出风温度

操作步骤	图示
1. 调节热电偶温度计测量范围	
2. 将一组探头置于室内机组出风口中央位置	
3. 将另一组探头置于室内机组进风口	
4. 比对两组数据，制冷状态下要求温差 > 8℃，制热状态下要求温差 >12℃	

（9）检测室内外机组出风风速，按表 6-1-13 所列步骤进行操作。

表 6-1-13　　　　　　　　　　　检测室内外机组出风风速

操作步骤	图示
1. 使用风速检测仪检测室内机组出风风速	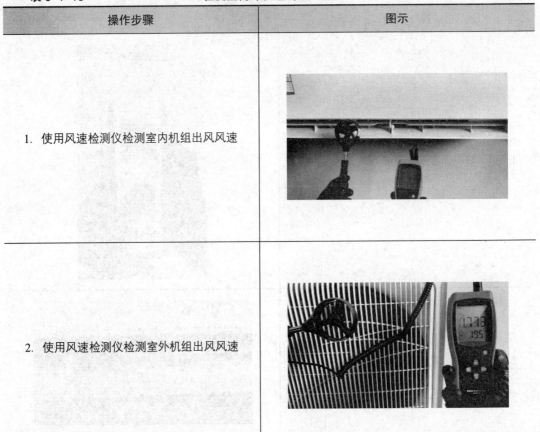
2. 使用风速检测仪检测室外机组出风风速	

（10）整理现场，按表 6-1-14 所列步骤进行操作。

表 6-1-14　　　　　　　　　　　整理现场

操作步骤	图示
1. 整理工具、器材	

续表

操作步骤	图示
2. 清理现场卫生	

（11）交付使用，按表 6-1-15 所列步骤进行操作。

表 6-1-15　　　　　　　　　　交付使用

操作步骤	图示
1. 指导客户使用	
2. 介绍空调器的维护、保养知识，并签字验收	

四、实训测评

按表 6-1-16 所列项目进行测评，并做好记录。

表 6-1-16　　　　　　　　　测评记录

序号	测评项目	配分	得分
1	检查训练场地是否安全（环境、通风）	5	
2	正确佩戴安全防护用具	5	
3	室内外机组的安装	10	
4	电路连接	10	
5	制冷剂排放与检漏	10	
6	电气安全测试	10	
7	试运行	10	
8	试排水检查	5	
9	开机运行	10	
10	检测空调器室内机组进、出风温度	10	
11	检测室内外机组出风风速	5	
12	整理现场	5	
13	交付使用	5	
	合计	100	

实训 2　分体挂壁式空调器的移机操作

一、实训目的

1. 了解分体挂壁式空调器移机的意义及重要性。
2. 掌握分体挂壁式空调器移机的方法及操作步骤。
3. 培养分析问题和解决问题的能力。

二、器材准备

1. 常用工具

空调器移机常用工具与安装常用工具相同，主要有钳工工具、电工工具、测量工具、制冷管道工具、开孔工具等，按表 6-1-1 所列项目进行准备。

2. 常用仪器仪表、设备与材料

空调器移机常用仪器仪表、设备与材料等按表 6-1-2 所列项目进行准备。

3. 安全防护用具

空调器移机常用安全防护用具按表 6-1-3 所列项目进行准备。

三、实训内容与步骤

1. 拆卸前的检测，按表 6-2-1 所列步骤进行操作。

表 6-2-1　　　　　　　　　　　　　　拆卸前的检测

操作步骤	图示
1. 佩戴好安全防护用具。用钳形电流表检测空调器室外机组运行电流与铭牌标称电流值是否相符	
2. 检测空调器制冷系统蒸发压力是否符合要求	

2. 回收制冷剂，按表 6-2-2 所列步骤进行操作。

表 6-2-2   回收制冷剂

操作步骤	图示
1. 用内六角扳手顺时针关闭高压截止阀的阀芯，待专用组合阀表压力下降到 –0.1 MPa 稳定不变，再用内六角扳手顺时针关闭低压截止阀的阀芯	
2. 拧紧高、低压截止阀与充氟口的阀帽，拆卸管道	

3. 拆卸制冷管路及电路，按表 6-2-3 所列步骤进行操作。

表 6-2-3   拆卸制冷管路及电路

操作步骤	图示
1. 拆卸室内外机组连接配管，并做好管口密封	

续表

操作步骤	图示
2. 拆卸电路，并做好标识	

4. 拆卸室内机组及挂机板，按表 6-2-4 所列步骤进行操作。

表 6-2-4　　　　　　　　　　　拆卸室内机组及挂机板

操作步骤	图示
1. 将室内机组从挂机板上分离	
2. 拆卸室内挂机板	

5. 分体式空调器的搬运，按表 6-2-5 所列步骤进行操作。

表 6-2-5　　　　　　　　　　分体式空调器的搬运

操作步骤	图示
清点空调器机组各部件，搬运空调器，做好安全防护	

四、实训测评

按表 6-2-6 所列项目进行测评，并做好记录。

表 6-2-6　　　　　　　　　　测评记录

序号	测评项目	配分	得分
1	检查训练场地是否安全（环境、通风）	10	
2	正确佩戴安全防护用具	10	
3	拆卸前的检测	20	
4	回收制冷剂	10	
5	拆卸制冷管路及电路	15	
6	拆卸室内机组及挂机板	15	
7	清点空调器机组部件，正确搬运空调器	10	
8	整理现场	10	
	合计	100	

实训 3　分体挂壁式空调器的拆解清洗

一、实训目的

1. 熟悉分体挂壁式空调器拆解清洗的要求。

2. 掌握分体挂壁式空调器拆解清洗的方法及操作步骤。

3. 培养分析问题和解决问题的能力。

二、器材准备

按表 6-3-1 所列项目进行器材准备。

表 6-3-1　　　　　　　　　　　　　　　　　器材准备

器材名称	图示	器材名称	图示
劳保服		劳保鞋	
防护手套		平光护目镜	
防护口罩		毛刷	
水桶		脱脂纱布、无纺布	

三、实训内容与步骤

1. 室内机组的拆解清洗，按表 6-3-2 所列步骤进行操作。

表 6-3-2 室内机组的拆解清洗

操作步骤	图示
1. 佩戴好安全防护用具，清洗空气过滤网。先用清水冲洗，再用毛刷轻刷。若表面有油污或黏附有较牢固的附着物，可用中性清洗剂刷洗，清水洗净，取出晾干	
2. 清洗外壳。用中性清洗剂刷洗表面油污至表面光洁，然后擦干	
3. 清洗出风框组件。使用脱脂纱布、无纺布蘸清水擦拭	
4. 清洗导风叶片。使用脱脂纱布、无纺布蘸清水擦拭	

操作步骤	图示
5. 清洗贯流式风扇。使用脱脂纱布、无纺布蘸清水擦拭	
6. 清洗室内换热器组件。根据污垢程度选择适当的清洗方法，可用毛刷除尘清理。若翅片有轻微污垢和较牢固黏附物，可用手压喷水装置配合毛刷刷洗，然后吹干。若翅片有较重污垢、氧化物、坚固附着物，先用适量空调器专用清洗剂清洗	

2. 室外机组的拆解清洗，按表 6-3-3 所列步骤进行操作。

表 6-3-3　　　　　　　　　　室外机组的拆解清洗

操作步骤	图示
1. 清洗空调器室外机组上盖板、前面板、侧板。用清水冲洗，若表面有大量灰尘或污垢，用中性清洗剂清洗，然后用清水洗净并擦干	

续表

操作步骤	图示
2. 清洗轴流式风扇。用清水冲洗，若有污垢，用中性清洗剂清洗，然后用清水洗净并晾干	
3. 清洗室外换热器。根据污垢程度选择适当的清洗方法，可用毛刷除尘清理。若翅片有轻微污垢和较牢固黏附物，可用手压喷水装置配合毛刷刷洗，然后吹干。若翅片有较重污垢、氧化物、坚固附着物，先用适量空调器专用清洗剂清洗	

四、实训测评

按表 6-3-4 所列项目进行测评，并做好记录。

表 6-3-4　　　　　　　　　　测评记录

序号	测评项目	配分	得分
1	检查训练场地是否安全（环境、通风）	10	
2	正确佩戴安全防护用具	10	
3	拆解清洗前开机试运行	10	

续表

序号	测评项目	配分	得分
4	拆解室内机组	10	
5	清洗室内机组	20	
6	拆解室外机组	10	
7	清洗室外机组	20	
8	整理现场	10	
	合计	100	

责任编辑：张玉波
责任校对：胡志鹏
　　　　　张　苏
责任设计：娄力维

全国中等职业技术学校电子类专业教材

电工基础（第四版）	单片机基础及应用（第二版）
模拟电路基础（第二版）	电子基本操作技能（第五版）
电子电路基础（第四版）	电子产品装配与调试
数字电路基础（第二版）	SMT 基础与工艺
数字逻辑电路（第四版）	SMT 设备操作与维护
机械识图与电气制图（第五版）	电热电动器具原理与维修
机械知识（第五版）	制冷设备原理与维修
电子 CAD（第二版）	●制冷设备原理与维修（学生实训手册）
电子测量与仪器（第五版）	电视机原理与维修
无线电基础（第五版）	音响设备原理与维修
传感器技术与应用	通信技术基础
	常用通信终端设备原理与维修

天猫旗舰店　　中国人力资源和社会保障出版集团

ISBN 978-7-5167-6320-9

9 787516 763209 >

定价 :23.00 元

技工院校公共基础课程教材配套用书

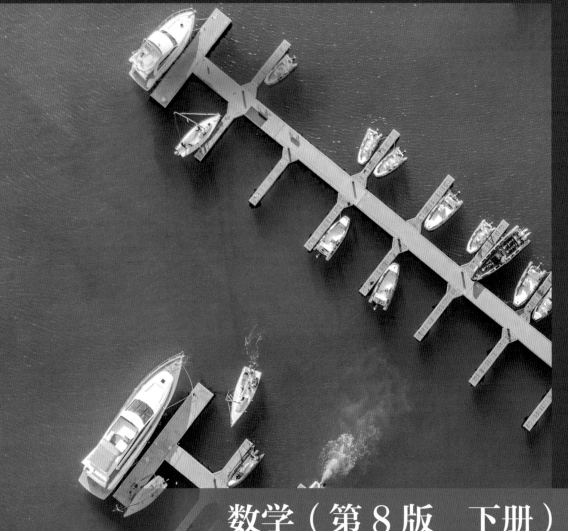

数学（第8版　下册）

学习指导与练习

中国劳动社会保障出版社